JN116850

はじめに

多くの書籍の中から、「Excel 関数テクニック Office 2021／Microsoft 365対応」を手に取っていただき、ありがとうございます。

本書は、Excelの基本機能をマスターされている方を対象に、知っていると抜群に業務効率が上がる関数を厳選してわかりやすくご紹介しています。また、Excelの操作方法だけでなく、売上や取引などに関するビジネスに必須の基礎知識も習得できます。

本書は、根強い人気の「よくわかる」シリーズの開発チームが、積み重ねてきたノウハウをもとに作成しており、講習会や授業の教材としてご利用いただくほか、自己学習の教材としても最適です。

本書を学習することで、Excelの知識を深め、実務にいかしていただければ幸いです。

なお、基本機能の習得には、次のテキストをご利用ください。
「よくわかる Microsoft Excel 2021基礎 Office 2021／Microsoft 365対応」（FPT2204）
「よくわかる Microsoft Excel 2021応用 Office 2021／Microsoft 365対応」（FPT2205）

本書を購入される前に必ずご一読ください

本書に記載されている操作方法は、2023年2月現在の次の環境で動作確認をしております。
・Windows 11（バージョン22H2　ビルド22621.1194）
・Excel 2021（バージョン2301　ビルド16.0.16026.20002）
・Microsoft 365のExcel（バージョン2302　ビルド16.0.16130.20156）
本書発行後のWindowsやOfficeのアップデートによって機能が更新された場合には、本書の記載のとおりに操作できなくなる可能性があります。あらかじめご了承のうえ、ご購入・ご利用ください。

2023年4月6日
FOM出版

目次

総合問題の標準解答は、FOM出版のホームページで提供しています。P.4「5 学習ファイルと標準解答のご提供について」を参照してください。

本書をご利用いただく前に

本書で学習を進める前に、ご一読ください。

1 本書の記述について

操作の説明のために使用している記号には、次のような意味があります。

記述	意味	例
⬜	キーボード上のキーを示します。	Ctrl　Enter
⬜+⬜	複数のキーを押す操作を示します。	Ctrl + End（Ctrl を押しながら End を押す）
《　》	ダイアログボックス名やタブ名、項目名など画面の表示を示します。	《関数の挿入》ダイアログボックスが表示されます。《数式》タブを選択します。
「　」	重要な語句や機能名、画面の表示、入力する文字などを示します。	「複合参照」といいます。「シリーズ」と入力します。

 » 学習の前に開くファイル

※　補足的な内容や注意すべき内容

POINT 知っておくべき重要な内容

 学習した内容の確認問題

STEP UP 知っていると便利な内容

 確認問題の答え

 スピルを使って数式を入力する場合の解説

(HINT) 問題を解くためのヒント

STEP UP 本書を使った学習の進め方

本書の各章は、次のような流れで学習を進めると、効果的な構成になっています。

1 事例や完成イメージの確認

各章の冒頭に、ビジネスに即した事例が記載されています。
ビジネスシーンを思い浮かべながら、処理の流れや各章で扱うデータ、完成イメージを確認します。

2 章の学習

関数の使い方を理解し、実際のファイルで数式を入力しながら学習します。

3 総合問題で力試し

すべての章の学習が終わったら、「総合問題」にチャレンジします。本書の内容がどれくらい理解できているかを把握できます。

4 スピルを使った数式にチャレンジ

もう一度新しく学習データを開いて、新たな数式の考え方「スピル」を使った数式にチャレンジしましょう。

※ でスピルを使った場合の数式を記載しています。

2 製品名の記載について

本書では、次の名称を使用しています。

正式名称	本書で使用している名称
Windows 11	Windows 11 または Windows
Microsoft Excel 2021	Excel 2021 または Excel

3 学習環境について

本書を学習するには、次のソフトが必要です。
また、インターネットに接続できる環境で学習することを前提にしています。

> Excel 2021　または　Microsoft 365のExcel

◆本書の開発環境

本書を開発した環境は、次のとおりです。

OS	Windows 11 Pro（バージョン22H2　ビルド22621.1194）
アプリ	Microsoft Office Professional 2021 Excel 2021（バージョン2301　ビルド16.0.16026.20002）
ディスプレイの解像度	1280×768ピクセル
その他	・WindowsにMicrosoftアカウントでサインインし、インターネットに接続した状態 ・OneDriveと同期していない状態

※本書は、2023年2月時点のExcel 2021またはMicrosoft 365のExcelに基づいて解説しています。
　今後のアップデートによって機能が更新された場合には、本書の記載のとおりに操作できなくなる可能性があります。

POINT OneDriveの設定

WindowsにMicrosoftアカウントでサインインすると、同期が開始され、パソコンに保存したファイルがOneDriveに自動的に保存されます。初期の設定では、デスクトップ、ドキュメント、ピクチャの3つのフォルダーがOneDriveと同期するように設定されています。
本書はOneDriveと同期していない状態で操作しています。
OneDriveと同期している場合は、一時的に同期を停止すると、本書の記載と同じ手順で学習できます。
OneDriveとの同期を一時停止および再開する方法は、次のとおりです。

一時停止

◆通知領域の[🔲]（OneDrive）→[⚙]（ヘルプと設定）→《同期の一時停止》→停止する時間を選択
※時間が経過すると自動的に同期が開始されます。

再開

◆通知領域の[🔲]（OneDrive）→[⚙]（ヘルプと設定）→《同期の再開》

4 学習時の注意事項について

お使いの環境によっては、次のような内容について本書の記載と異なる場合があります。
ご確認のうえ、学習を進めてください。

◆ボタンの形状

本書に掲載しているボタンは、ディスプレイの解像度を「1280×768ピクセル」、ウィンドウ
を最大化した環境を基準にしています。
ディスプレイの解像度やウィンドウのサイズなど、お使いの環境によっては、ボタンの形状や
サイズ、位置が異なる場合があります。
ボタンの操作は、ポップヒントに表示されるボタン名を参考に操作してください。

例

ボタン名	ディスプレイの解像度が低い場合／ウィンドウのサイズが小さい場合	ディスプレイの解像度が高い場合／ウィンドウのサイズが大きい場合
テキストまたはCSVから		テキストまたは CSV から
データの入力規則		データの入力規則

> **POINT** ディスプレイの解像度の設定
>
> ディスプレイの解像度を本書と同様に設定する方法は、次のとおりです。
> ◆デスクトップの空き領域を右クリック→《ディスプレイ設定》→《ディスプレイの解像度》の ▽ →《1280×768》
> ※メッセージが表示される場合は、《変更の維持》をクリックします。

◆Officeの種類に伴う注意事項

Microsoftが提供するOfficeには「ボリュームライセンス（LTSC）版」「プレインストール版」
「POSAカード版」「ダウンロード版」「Microsoft 365」などがあり、画面やコマンドが異なる
ことがあります。
本書はダウンロード版をもとに開発しています。ほかの種類のOfficeで操作する場合は、
ポップヒントに表示されるボタン名を参考に操作してください。

●Office 2021のLTSC版で《ホーム》タブを選択した状態（2023年2月時点）

◆アップデートに伴う注意事項

WindowsやOfficeは、アップデートによって不具合が修正され、機能が向上する仕様となっています。そのため、アップデート後に、コマンドやスタイル、色などの名称が変更される場合があります。

本書に記載されているコマンドやスタイルなどの名称が表示されない場合は、掲載画面の色が付いている位置を参考に操作してください。

※本書の最新情報については、P.8に記載されているFOM出版のホームページにアクセスして確認してください。

└ ポップヒント

POINT **お使いの環境のバージョン・ビルド番号を確認する**

WindowsやOfficeはアップデートにより、バージョンやビルド番号が変わります。
お使いの環境のバージョン・ビルド番号を確認する方法は、次のとおりです。

Windows 11

◆ ■ (スタート) →《設定》→《システム》→《バージョン情報》

Office 2021

◆《ファイル》タブ→《アカウント》→《(アプリ名)のバージョン情報》

※お使いの環境によっては、《アカウント》が表示されていない場合があります。その場合は、《その他》→《アカウント》をクリックします。

---

5 学習ファイルと標準解答のご提供について

本書で使用する学習ファイルと標準解答のPDFファイルは、FOM出版のホームページで提供しています。

ホームページアドレス

https://www.fom.fujitsu.com/goods/

※アドレスを入力するとき、間違いがないか確認してください。

ホームページ検索用キーワード

FOM出版

1 学習ファイル

学習ファイルはダウンロードしてご利用ください。

◆ダウンロード

学習ファイルをダウンロードする方法は、次のとおりです。

①ブラウザーを起動し、FOM出版のホームページを表示します。

※アドレスを直接入力するか、キーワードでホームページを検索します。

②《ダウンロード》をクリックします。

③《アプリケーション》の《Excel》をクリックします。

④《Excel 関数テクニック Office 2021／Microsoft 365対応　FPT2224》をクリックします。

⑤《書籍学習用データ》の「fpt2224.zip」をクリックします。

⑥ダウンロードが完了したら、ブラウザーを終了します。

※ダウンロードしたファイルは、パソコン内のフォルダー「ダウンロード」に保存されます。

◆ダウンロードしたファイルの解凍

ダウンロードしたファイルは圧縮されているので、解凍（展開）します。ダウンロードしたファイル「**fpt2224.zip**」を《**ドキュメント**》に解凍する方法は、次のとおりです。

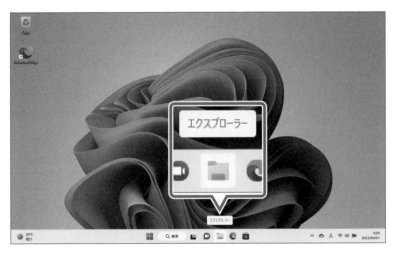

①デスクトップ画面を表示します。

②タスクバーの を
　クリックします。

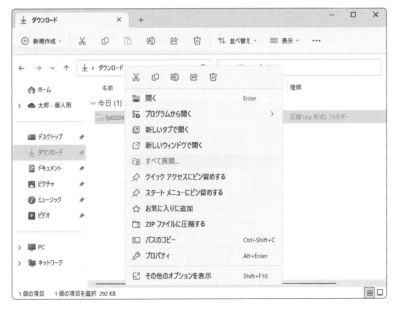

③《**ダウンロード**》をクリックします。

④ファイル「**fpt2224**」を右クリックします。

⑤《**すべて展開**》をクリックします。

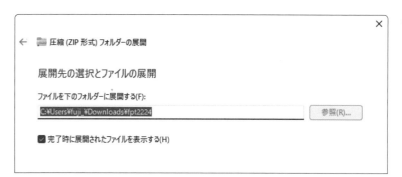

⑥《参照》をクリックします。

⑦《ドキュメント》をクリックします。

⑧《フォルダーの選択》をクリックします。

⑨《ファイルを下のフォルダーに展開する》が「C:¥Users¥(ユーザー名)¥Documents」に変更されます。

⑩《完了時に展開されたファイルを表示する》を✔にします。

⑪《展開》をクリックします。

⑫ファイルが解凍され、《ドキュメント》が開かれます。

⑬フォルダー「Excel関数テクニック2021／365」が表示されていることを確認します。

※すべてのウィンドウを閉じておきましょう。

◆学習ファイルの一覧

フォルダー「Excel関数テクニック2021／365」には、学習ファイルが入っています。タスクバーの ▦（エクスプローラー）→《ドキュメント》をクリックし、一覧からフォルダーを開いて確認してください。

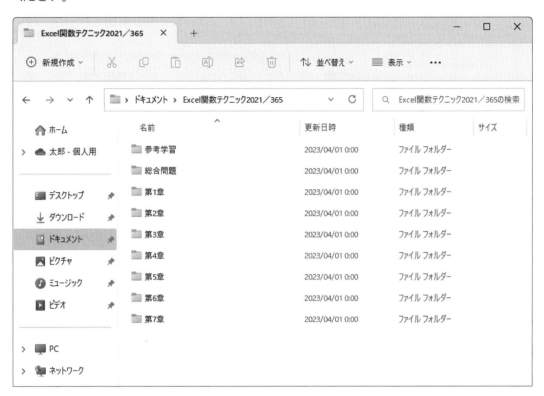

◆学習ファイルの場所

本書では、学習ファイルの場所を《ドキュメント》内のフォルダー「Excel関数テクニック2021／365」としています。《ドキュメント》以外の場所に解凍した場合は、フォルダーを読み替えてください。

◆学習ファイル利用時の注意事項

編集を有効にする

ダウンロードした学習ファイルを開く際、そのファイルが安全かどうかを確認するメッセージが表示される場合があります。学習ファイルは安全なので、《編集を有効にする》をクリックして、編集可能な状態にしてください。

自動保存をオフにする

学習ファイルをOneDriveと同期されているフォルダーに保存すると、初期の設定では自動保存がオンになり、一定の時間ごとにファイルが自動的に上書き保存されます。自動保存によって、元のファイルを上書きしたくない場合は、自動保存をオフにしてください。

2 総合問題の標準解答

総合問題の標準的な操作手順を記載した解答をFOM出版のホームページで提供しています。
標準解答は、スマートフォンやタブレットで表示したり、パソコンでExcelのウィンドウと並べて表示
したりすると、操作手順を確認しながら学習できます。自分にあったスタイルでご利用ください。

スマートフォンや
タブレットで
標準解答を見ながら、
パソコンで操作!

Excelの操作画面と
標準解答のウィンドウを
並べて表示!

 スマートフォン・タブレットで表示する

❶ スマートフォン・タブレットで次のQRコードを読み
取ります。

❷ 標準解答が表示されます。

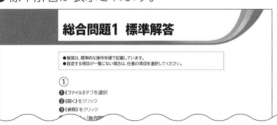

総合問題1 標準解答

●解答は、標準的な操作手順で記載しています。
●設定する項目が一覧にない場合は、任意の項目を選択してください。

①
❶《ファイル》タブを選択
❷《開く》をクリック
❸《参照》をクリック

 パソコンで表示する

❶ ブラウザーを起動し、次のホームページを表示し
ます。

> **https://www.fom.fujitsu.com/goods/**

※アドレスを入力するとき、間違いがないか確認してください。

❷《ダウンロード》を選択します。
❸《アプリケーション》の《Excel》を選択します。
❹《Excel 関数テクニック Office 2021／Microsoft
365対応　FPT2224》を選択します。
❺《総合問題　標準解答》の《fpt2224_kaitou.pdf》
をクリックします。
❻ 標準解答が表示されます。
※必要に応じて、印刷または保存してご利用ください。

6 本書の最新情報について

本書に関する最新のQ&A情報や訂正情報、重要なお知らせなどについては、FOM出版の
ホームページでご確認ください。

ホームページアドレス

> https://www.fom.fujitsu.com/goods/

※アドレスを入力するとき、間違いがないか確認してください。

ホームページ検索用キーワード

> FOM出版

第1章

関数の基本

STEP 1 関数とは

1 関数とは

「関数」を使うと、よく使う計算や処理を簡単に行うことができます。演算記号を使って数式を入力する代わりに、括弧内に必要な「引数」を指定して計算を行います。手間のかかる複雑な計算や、具体的な計算方法のわからない難しい計算なども、目的に合った関数を使えば、簡単に計算結果を求めることができます。

1 関数の決まり

関数には、次のような決まりがあります。

> ＝ 関数名（引数1, 引数2, …引数n）
> ❶ ❷ ❸

❶ 先頭に「＝（等号）」を入力します。「＝」を入力することで、数式であることを示します。
❷ 関数名を入力します。
※関数名は、半角の英字で入力します。大文字で入力しても小文字で入力してもかまいません。
❸ 引数を「（ ）（括弧）」で囲み、各引数は「,（カンマ）」で区切ります。
　引数には計算対象となる値またはセル、セル範囲、範囲の名前など関数を実行するために必要な情報を入力します。
※関数によって、指定する引数は異なります。
※引数が不要な関数でも括弧は必ず入力します。

2 関数と演算子を使った数式の違い

Excelで計算を行う場合、「＋」や「−」などの演算子を使う方法と関数を使う方法があります。演算子を使う場合は数式が長くなったり、セルの参照を間違えてしまったりすることがありますが、関数を使うと簡単に入力できます。

例:
セル【C4】からセル【C13】までの合計を求めます。

●演算子を使う場合

●関数を使う場合

	A	B	C	D	E	F	G	H	I
		店舗別売上表							
2									単位：千円
3			4月	5月	6月	7月	8月	9月	売上合計
4		日本橋店	860	1,050	900	2,350	1,200	8,890	15,250
5		銀座店	1,000	900	1,450	1,200	1,150	1,560	7,260
6		渋谷店	1,100	5,320	950	1,050	3,550	980	12,950
7		新宿店	950	1,800	1,150	1,250	3,270	1,850	10,270
8		池袋店	920	950	1,000	980	1,100	1,020	5,970
9		六本木店	850	800	860	800	900	920	5,130
10		蒲田店	1,500	1,480	1,650	1,580	1,620	1,580	9,410
11		品川店	780	890	880	870	790	910	5,120
12		大崎店	600	620	630	600	610	590	3,650
13		豊洲店	580	580	590	620	600	610	3,580
14		合計	9,140	14,390	10,060	11,300	14,790	18,910	78,590
15									

C14 =SUM(C4:C13)

数式が簡潔！

STEP UP 数式の確認

数式を入力すると、セルには計算結果が表示されます。数式を確認するときは、数式を入力したセルを選択し、数式バーで確認します。

C10 =SUM(C4:C9)　数式バー

	A	B	C	D	E	F	G	H	I
1		**店舗別売上表**							
2									単位：千円
3			4月	5月	6月	7月	8月	9月	売上合計
4		日本橋店	860	1,050	900	2,350	1,200	8,890	15,250
5		銀座店	1,000	900	1,450	1,200	1,150	1,560	7,260
6		渋谷店	1,100	5,320	950	1,050	3,550	980	12,950
7		新宿店	950	1,800	1,150	1,250	3,270	1,850	10,270
8		池袋店	920	950	1,000	980	1,100	1,020	5,970
9		六本木店	850	800	860	800	900	920	5,130
10		合計	5,680	10,820	6,310	7,630	11,170	15,220	56,830
11		平均	947	1,803	1,052	1,272	1,862	2,537	9,472
12									

STEP UP 数式の表示

《数式》タブ→《ワークシート分析》グループの [数式の表示] （数式の表示）を使うと、数式の計算結果ではなく、セルに入力されている数式をそのまま表示できます。数式が入力されているセルを確認したり、セルの参照先を確認したりするのに適しています。

※数式の表示を解除して計算結果の表示に戻すには、[数式の表示] （数式の表示）を再度クリックします。

1 関数の入力方法

関数を入力する方法には、次のようなものがあります。

● キーボードから直接入力する
● fx（関数の挿入）を使う
● 関数ライブラリを使う

---

1 キーボードから直接入力する

セルに関数を直接入力できます。入力中に、関数に必要な引数がポップヒントで表示されます。関数の名前や引数に何を指定すればよいかがわかっている場合には、直接入力した方が効率的な場合があります。

※本書では、主に直接入力の方法で関数を入力しています。

SUM	⌄	⋮	× ✓ fx	=SUM(C4:C9					
▲	A	B	C	D	E	F	G	H	I
1		店舗別売上表							
2									単位：千円
3			4月	5月	6月	7月	8月	9月	売上合計
4		日本橋店	860	1,050	900	2,350	1,200	8,890	15,250
5		銀座店	1,000	900	1,450	1,200	1,150	1,560	7,260
6		渋谷店	1,100	5,320	950	1,050	3,550	980	12,950
7		新宿店	950	1,800	1,150	1,250	3,270	1,850	10,270
8		池袋店	920	950	1,000	980	1,100	1,020	5,970
9		六本木店	850	800	860	800	900	920	5,130
10		合計	=SUM(C4:C9						
11		平均	SUM(数値1, [数値2], ...)						
12									

POINT 関数の直接入力

SUM	⌄	⋮	× ✓ fx	=SU					
▲	A	B	C	D	E	F	G	H	I
1		店舗別売上表							
2									単位：千円
3			4月	5月	6月	7月	8月	9月	売上合計
4		日本橋店	860	1,050	900	2,350	1,200	8,890	15,250
5		銀座店	1,000	900	1,450	1,200	1,150	1,560	7,260
6		渋谷店	1,100	5,320	950	1,050	3,550	980	12,950
7		新宿店	950	1,800	1,150	1,250	3,270	1,850	10,270
8		池袋店	920	950	1,000	980	1,100	1,020	5,970
9		六本木店	850	800	860	800	900	920	5,130
10		合計	=SU	SUBSTITUTE					
11		平均		SUBTOTAL					
12				SUM	セル範囲に含まれる数値をすべて合計します。				
13				SUMIF					
14				SUMIFS					
15				SUMPRODUCT					
16				SUMSQ					
				SUMX2MY2					
	◂ ▸	Sheet1		SUMX2PY2					
入力	アクセシビリティ：問題ありません			SUMXMY2					

「=」に続けて英字を入力すると、その英字で始まる関数名が一覧で表示されます。一覧の関数名をクリックすると、ポップヒントに関数の説明が表示されます。一覧の関数名をダブルクリックすると、自動的に関数名と括弧が入力されます。

※ Tab を押して関数名と括弧を入力することもできます。

2 f_x（関数の挿入）を使う

数式バーのf_x（関数の挿入）を使うと、ダイアログボックス上で関数や引数の説明を確認しながら、関数を入力できます。関数の使い方がよくわからない場合に便利です。また、関数を選択して入力するため、入力ミスを防ぐこともできます。

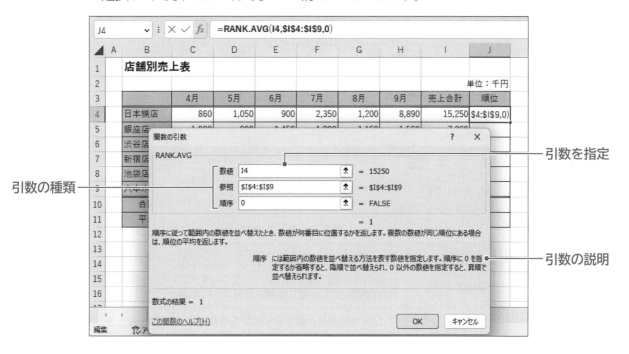

引数の種類

引数を指定

引数の説明

POINT 《関数の挿入》ダイアログボックス

数式バーのf_x（関数の挿入）をクリックすると、《関数の挿入》ダイアログボックスが表示されます。《関数の挿入》ダイアログボックスでは、単に関数を選択するだけでなく、キーワードから目的の関数を検索したり、関数の説明やヘルプを確認したりすることができます。

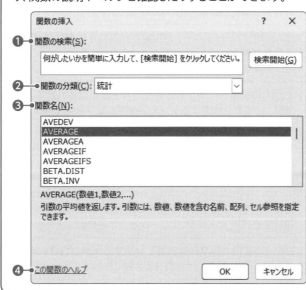

❶**関数の検索**
キーワードを入力して目的の関数を検索できます。

❷**関数の分類**
目的の関数の分類を選択すると、その分類に含まれる関数が《関数名》に一覧で表示されます。

❸**関数名**
関数名を選択すると、一覧の下に選択した関数の説明が表示されます。

❹**この関数のヘルプ**
クリックすると、選択した関数のヘルプが表示され、関数の解説や書式、使用例などが確認できます。

STEP UP その他の方法（《関数の挿入》ダイアログボックスの表示）

◆《ホーム》タブ→《編集》グループの$\boxed{\Sigma \vee}$（合計）の$\boxed{\vee}$→《その他の関数》
◆《数式》タブ→《関数ライブラリ》グループの（関数の挿入）
◆ $\boxed{Shift}$ + $\boxed{F3}$

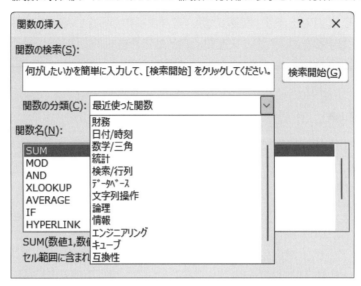

STEP UP 関数の分類

《関数の挿入》ダイアログボックスの《関数の分類》に表示される分類には、次のようなものがあります。

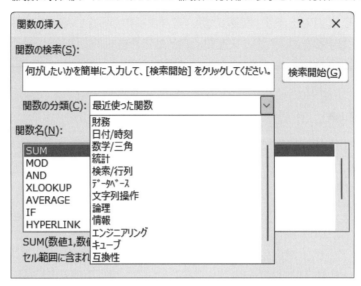

分類	説明
財務関数	会計や財務処理を行う関数が含まれます。ローンの返済金額を計算するPMT関数、目標額に応じた積立金額を計算するFV関数などがあります。
日付/時刻関数	日付や時刻を計算する関数が含まれます。本日の日付を表示するTODAY関数、現在の日付と時刻を表示するNOW関数などがあります。
数学/三角関数	数値計算の処理を行う関数が含まれます。集計処理に使うSUM関数、端数処理に使うROUND関数などがあります。
統計関数	データの統計・分析処理を行う関数が含まれます。平均を求めるAVERAGE関数、個数を求めるCOUNT関数、頻度分布を求めるFREQUENCY関数などがあります。
検索/行列関数	表形式のデータから検索や行列計算を行う関数が含まれます。コードに対応する値を検索するXLOOKUP関数などがあります。
データベース関数	リストまたはデータベースの指定された列を検索し、条件を満たすレコードを計算する関数が含まれます。条件を満たすレコードを合計するDSUM関数、条件を満たすレコードの平均を求めるDAVERAGE関数などがあります。
文字列操作関数	セル内の文字列に関する処理を行う関数が含まれます。半角を全角に変換するJIS関数、文字列を検索するSEARCH関数、文字列を置換するREPLACE関数などがあります。
論理関数	条件判定や条件式を扱う関数が含まれます。条件に応じて異なる処理が実行できるIF関数、複数の論理式を組み合わせることができるAND関数やOR関数などがあります。
情報関数	セルの情報などを検索・調査する関数が含まれます。対象のセルが空白かどうかを確認するISBLANK関数、エラーかどうかを確認するISERROR関数などがあります。
エンジニアリング関数	N進法の変換や科学技術計算に利用する関数が含まれます。10進数を2進数に変換するDEC2BIN関数、16進数を2進数に変換するHEX2BIN関数などがあります。
キューブ関数	Excelデータモデルに接続して、3次元以上の集計分析ができる関数が含まれます。セット内のアイテム数を求めるCUBESETCOUNT関数、キューブの集計値を求めるCUBEVALUE関数などがあります。
互換性関数	下位バージョンとの互換性のために利用可能な関数が含まれます。Excel 2007以前のバージョンと互換性のあるRANK関数やSTDEV関数などがあります。
Web関数	VBAでコードを書かなくてもWeb APIを利用できる関数が含まれます。URL形式でエンコードされた文字列を返すENCODEURL関数、Webサービスからのデータを返すWEBSERVICE関数などがあります。

3 関数ライブラリを使う

《数式》タブの《関数ライブラリ》グループには、分類ごとに関数がまとめられています。
関数の分類のボタンをクリックして一覧から関数名をクリックすると、関数名や括弧が自動的に入力されます。

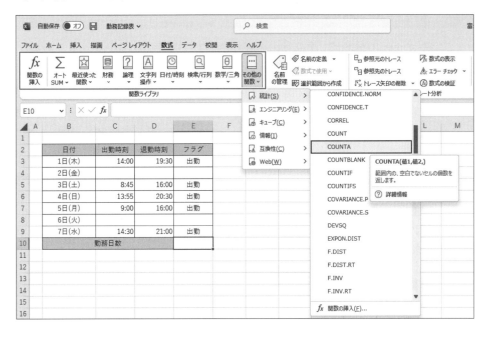

> **POINT** 合計ボタンを使う
>
> 「SUM（合計）」「AVERAGE（平均）」「COUNT（数値の個数）」「MAX（最大値）」「MIN（最小値）」の各関数は、《ホーム》タブや《数式》タブの合計ボタンから選択することもできます。
> ◆《ホーム》タブ→《編集》グループの $\boxed{\Sigma \cdot}$（合計）の $\boxed{\cdot}$
> ◆《数式》タブ→《関数ライブラリ》グループの $\boxed{\underset{\text{SUM}\cdot}{\Sigma}}$（合計）の $\boxed{\Sigma}$

2 関数のネスト

関数の引数には、数値や文字列、セル参照のほかに、数式や関数を使うことができます。関数の中に関数を組み込むことを「**関数のネスト**」といいます。関数をネストすると、より複雑な処理を行うことができます。関数のネストは64レベルまで設定できます。

	A	B	C	D	E	F	G	H	I	J	K
1		店舗別売上表									
2									単位：千円		
3			4月	5月	6月	7月	8月	9月	売上合計	評価	
4		日本橋店	860	1,050	900	2,350	1,200	8,890	15,250	A	
5		銀座店	1,000	900	1,450	1,200	1,150	1,560	7,260		
6		渋谷店	1,100	5,320	950	1,050	3,550	980	12,950		
7		新宿店	950	1,800	1,150	1,250	3,270	1,850	10,270		
8		池袋店	920	950	1,000	980	1,100	1,020	5,970		
9		六本木店	850	800	860	800	900	920	5,130		
10											

セル J4：`=IF(AVERAGE(C4:H4)>=1500,"A","B")`

=IF(AVERAGE(C4:H4)>=1500,"A","B")

> IF関数の引数に、AVERAGE関数を指定

STEP 3　数式の基本操作

1　セル参照の種類

数式はセルを参照して入力し、ほかのセルでも同様の数式を使う場合はコピーするのが一般的です。

数式をコピーすると、数式に使われているセルの参照はコピー先に応じて調整されますが、数式によっては同じセルを参照していないと正しく計算できない場合があります。そのような場合には、セルの参照に「$」を付けておくと、セルの参照を調整せずに数式をコピーできます。

セル参照の種類には次のようなものがあり、数式の内容に合わせて使い分けます。

●相対参照

「**相対参照**」は、セルの位置を相対的に参照する形式です。数式をコピーするとセルの参照は自動的に調整されます。

●絶対参照

「**絶対参照**」は、特定の位置にあるセルを必ず参照する形式です。数式をコピーしてもセルの参照は固定されたまま調整されません。セルを絶対参照にするには$D$5のように列と行の両方に「$」を付けます。

●複合参照

D$5または$D5のように、相対参照と絶対参照を組み合わせたセルの参照を「**複合参照**」といい、行または列のどちらか一方を固定する場合に使います。例えば、行を固定する場合は行の前にだけ「$」を付けてD$5としておくと、数式をコピーしたときに「$」を付けた行は固定され、「$」が付いていない列は自動的に調整されます。

POINT　$の入力

「$」は、キーボードから入力することもできますが、セルを選択したあとに F4 (絶対参照キー) を続けて押すと、1回押すごとに図のように切り替わります。

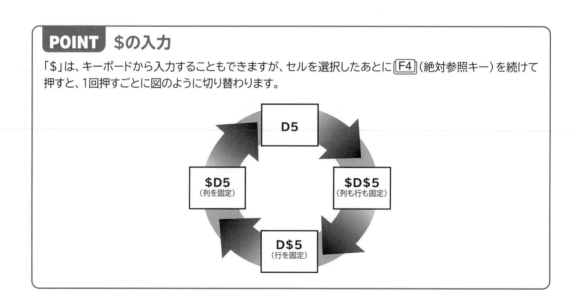

2 関数の引数に名前を使用

セルやセル範囲に**「名前」**を定義しておくと、定義した名前を使って、セルやセル範囲を選択したり数式に引用したりできます。

関数の引数に名前を使用すると、広範囲にわたるセル範囲や複数の範囲を指定する手間を省くことができるので効率的です。また、範囲の内容がわかるような名前で定義しておくと、どのような数式が入力されているのか、数式の内容が明確になります。

名前を使った数式は、絶対参照と同じように、コピーしても参照先は固定されたまま調整されません。

●東京と大阪のセミナーの売上金額の合計を求める

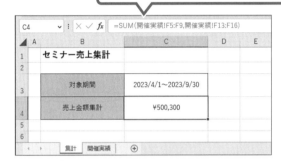

セルを参照すると、引数が複雑…
=SUM(開催実績!F5:F9,開催実績!F13:F16)

数式に名前を使うと…

簡潔でわかりやすい!
=SUM(東京,大阪)

名前「東京」

名前「大阪」

POINT 名前の定義

名前を定義する方法は、次のとおりです。

◆ セル範囲を選択→ A1 ▾ (名前ボックス)に名前を入力→ Enter

※ 名前ボックスには、アクティブセルの位置が表示されます。

3 スピルの利用

「**スピル**」を使ってセル範囲を参照する数式を入力すると、数式をコピーしなくても隣接するセル範囲に結果が表示されます。
スピルは、関数の引数にも使用することができます。様々な関数でスピルを使って結果を表示することができます。
※スピルを利用できない関数もあります。

1 スピル

数式で参照するセルの並び方と、結果を求めるセルの並び方が一致しているときにスピルを利用すると、効率よく数式を入力できます。

●スピルを使った数式の入力

計算結果を表示する先頭セルにセル範囲を参照する数式を入力すると、隣接するセルに結果が表示されます。計算結果を表示するセルや計算する内容は、数式で参照するセル範囲に応じて調整されます。

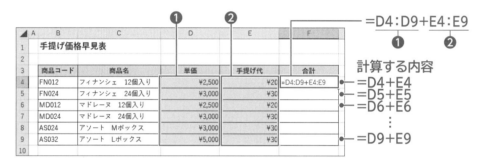

●スピルを使った数式の参照範囲

数式で参照するセル範囲は、列方向・行方向のどちらも使用できます。参照するセル範囲に応じて、計算結果の表示される範囲が変わります。

2 スピルを使った数式の入力

スピルを使って、すべての「**小計**」欄を求める数式を入力しましょう。次に、「**合計**」を求めます。
「**小計**」は「**単価＊個数**」で、「**合計**」はSUM関数を使って小計の合計を求めます。

» フォルダー「第1章」のブック「数式の基本操作」を開いておきましょう。

	B3 ▾ : × ✓ fx	=B3:B9			

▲	A	B	C	D	E
1	開発部 備品購入予定一覧（2023年度下期）				
2	品名	単価	個数	小計	
3	ノートPC Excias VS-T 15インチ	154,800	2	=B3:B9	
4	タブレットPC Ace-Pad V 11インチ	87,500	4		
5	ソフトウェア デザインプロ6.1	19,800	3		
6	ソフトウェア Exceed PDF 4	9,800	10		
7	レーザープリンター UKE-3E	27,000	1		
8	メモリーカード CRR-128G	2,200	5		
9	ウェブカメラ T-CAM HD	5,500	7		
10				合計	

小計を求めます。

①セル【D3】をクリックします。

②「=」を入力します。

③セル範囲【B3:B9】を選択します。

	C3 ▾ : × ✓ fx	=B3:B9*C3:C9			

▲	A	B	C	D	E
1	開発部 備品購入予定一覧（2023年度下期）				
2	品名	単価	個数	小計	
3	ノートPC Excias VS-T 15インチ	154,800	2	=B3:B9*C3:C9	
4	タブレットPC Ace-Pad V 11インチ	87,500	4		
5	ソフトウェア デザインプロ6.1	19,800	3		
6	ソフトウェア Exceed PDF 4	9,800	10		
7	レーザープリンター UKE-3E	27,000	1		
8	メモリーカード CRR-128G	2,200	5		
9	ウェブカメラ T-CAM HD	5,500	7		
10				合計	

④続けて「*」を入力します。

⑤セル範囲【C3:C9】を選択します。

⑥数式バーに「=B3:B9*C3:C9」と表示されていることを確認します。

	D4 ▾ : × ✓ fx	=B3:B9*C3:C9			

▲	A	B	C	D	E
1	開発部 備品購入予定一覧（2023年度下期）				
2	品名	単価	個数	小計	
3	ノートPC Excias VS-T 15インチ	154,800	2	309,600	
4	タブレットPC Ace-Pad V 11インチ	87,500	4	350,000	
5	ソフトウェア デザインプロ6.1	19,800	3	59,400	
6	ソフトウェア Exceed PDF 4	9,800	10	98,000	
7	レーザープリンター UKE-3E	27,000	1	27,000	
8	メモリーカード CRR-128G	2,200	5	11,000	
9	ウェブカメラ T-CAM HD	5,500	7	38,500	
10				合計	

⑦ Enter を押します。

セル範囲【D3:D9】が青い枠で囲まれ、小計が表示されます。

※「数式がスピルされています…」のメッセージが表示された場合は、《OK》をクリックしておきましょう。

※数式を入力したセル以外のセル（ゴースト）を選択すると、数式バーに薄い灰色で数式が表示されます。

※青い枠は、スピル範囲以外のセルをクリックすると消えます。

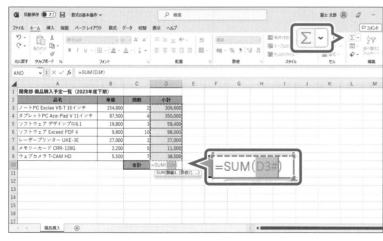

⑧セル【D10】をクリックします。

⑨《ホーム》タブを選択します。

⑩《編集》グループの Σ（合計）をクリックします。

⑪セル範囲【D3:D9】が範囲選択され、「=SUM(D3#)」と表示されていることを確認します。

⑫ Enter を押します。

※ Σ（合計）を再度クリックして確定することもできます。

合計が表示されます。

※ブックを保存せず、閉じておきましょう。

POINT スピル範囲演算子

「=SUM(D3#)」の「#」は、スピルを使った数式が入力されているセル【D3】を先頭とするスピル範囲全体を参照していることを表し、「スピル範囲演算子」といいます。スピル範囲の数値やサイズが変わるとスピル範囲演算子を使用した数式に反映されます。

POINT スピルを使った数式の編集・削除

スピルを使った数式の計算結果が表示される範囲を「スピル範囲」といい、スピル範囲の数式を入力した
セル以外のセルを「ゴースト」といいます。ゴーストのセルを選択すると、数式バーに薄い灰色で数式が表
示されます。スピルを使った数式を編集する場合は、スピル範囲先頭のセルの数式を修正すると、スピル
範囲の結果に反映されます。また、数式を削除する場合は、スピル範囲先頭のセルの数式を削除すると、
スピル範囲のすべての結果が削除されます。ゴーストのセルの数式を、編集したり削除したりすることはで
きません。

POINT スピル利用時の注意点

次のような表では、スピルを使った数式を入力するとエラーが表示される場合があります。

❶数式を入力した結果、スピル範囲になるセルにデータが入力されている

エラー「#スピル!」が表示されます。スピル範囲のデータを削除する必要があります。

※お使いの環境によっては、「#スピル!」は「#SPILL!」と表示される場合があります。

❷数式を入力するセルがセル結合されている

エラー「#スピル!」が表示されます。セル結合を解除する必要があります。

❸数式に使用するセルやセル範囲がセル結合されている

適切に計算できない場合があります。セル結合を解除するか、数式のセル参照を修正します。

また、次のような表では、スピルを使った数式は使えません。スピルを使わずに、数式を入力しましょう。

●テーブルが適用されている表

●「並べ替え」や「重複データの削除」を実行する予定のある表

POINT 異なるバージョンでブックを開く場合

スピルは、Excel 2019やExcel 2016の一部のOfficeの種類では利用できません。そのため、スピルを
使った数式を含むブックをスピルに対応していないExcel 2019以前のバージョンで開くと、数式ではなく
計算結果だけが表示される場合があります。以前のバージョンのExcelを使って数式を編集する可能性が
ある場合は、スピルを使った数式を使わないようにしましょう。

第2章

請求書の作成

STEP **1** 請求書を確認する

1 請求書の役割

「請求書」とは、販売した商品や提供したサービスの代金の支払いを通知するために発行する書類です。

一般的に、商品などの販売の際に企業と顧客との間で発生する書類の種類と流れには、次のようなものがあります。

●商品を販売する際に発生する書類の種類と流れ

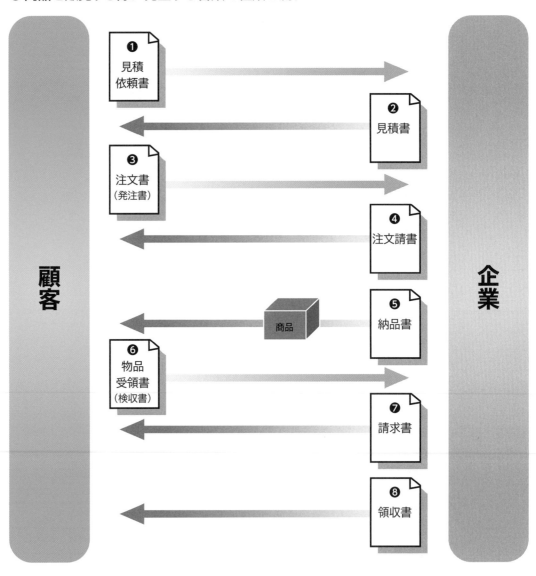

❶見積依頼書

顧客が企業に対して購入したい商品、数量などを通知し、見積書の作成を依頼します。

❷見積書

企業は顧客の商品の購入要求に対して、商品の金額、納期、支払方法、見積書の有効期限などを提示します。

❸注文書（発注書）

顧客が企業に商品を注文（発注）します。

❹注文請書

企業が顧客からの注文を受けたことを通知します。

❺納品書

商品を納品する際に、企業が顧客に納品内容（商品や数量など）を確認するために発行します。

❻物品受領書（検収書）

顧客が企業に商品を受け取ったことを通知します。

❼請求書

企業が顧客に対して、注文書と注文請書で取り決めた内容をもとに商品の代金、支払方法、支払期日などを通知します。

❽領収書

企業が顧客から代金を受け取ったことを通知します。

STEP UP 注文書と注文請書

注文書と注文請書を取り交わすことで売買が成立します。この2種類の書類は、売買契約書の代わりになることがあります。

2 請求書に記載する項目

請求書に必要な項目を確認しましょう。

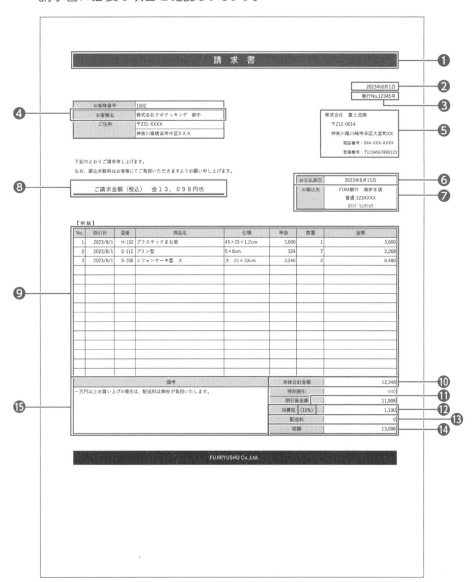

❶タイトル

ほかの文字列よりも大きめのフォントサイズで書類のタイトルを記載します。

❷発行日

請求書を発行または相手に提出する日付を記載します。

❸発行番号

請求書の発行番号を記載します。部門や内容種別ごとなどに連番を振ります。

❹宛先

請求する宛先を記載します。敬称は、企業などの団体名の場合は「**御中**」、個人名の場合は「**様**」を使います。企業の担当者宛てとする場合は「○○○**会社** ○○**様**」とします。

❺発行元

請求書の発行元の名前や住所、電話番号などの連絡先を記載します。また、適格請求書（インボイス）として発行する場合は、適格請求書発行事業者の登録番号を記載します。

※必要に応じて、担当者などの押印欄を用意します。

❻ 支払期日

支払手続の期限を記載します。

※必要に応じて、期日を過ぎた場合の対処について記載します。

❼ 振込先

振込先の銀行、口座種別、口座番号、口座名義などを記載します。

※振込手数料を負担してもらう場合は、注意事項を記載します。

❽ 合計金額

一般的に、税込の合計金額を記載します。大きめのフォントサイズにして、ひと目でわかるようにします。明細の最終行に記載している総額と同じ金額を記載します。

❾ 明細

請求内容の明細を記載します。明細には以下のようなものを記載します。

・取引日：取引を行った日付を記載します。

・型番　：商品の型番を記載します。

・商品名：商品の名前を記載します。必要に応じて、商品の仕様なども記載します。

・単価　：商品の単価を記載します。明細に「**本体合計金額**」「**消費税**」「**総額**」を記載する場合は、単価は税抜単価で記載します。

・数量　：商品の数量を記載します。必要に応じて、商品の販売単位を記載します。単位には、「**個**」「**箱**」「**ケース**」などがあります。サービスの提供など数量として表せない場合は「**式**」と記載します。

・金額　：「**単価**」×「**数量**」の金額を記載します。

❿ 本体合計金額

明細の金額を適用税率ごとに区分し、合計した金額を記載します。

⓫ 税率

消費税の適用税率を記載します。

⓬ 消費税

適用税率ごとの本体合計金額に応じた消費税額を記載します。

⓭ 配送料

配送料を別途請求する場合に記載します。

⓮ 総額

請求書の合計金額を記載します。

⓯ 備考

請求についての補足事項などを記載します。

POINT　適格請求書（インボイス）の記載事項

令和5年10月1日から導入される「インボイス制度」とは、一定の要件を満たした「適格請求書（インボイス）」を用いて消費税の仕入税額控除を計算し、証拠資料として保存する仕組みのことです。「適格請求書等保存方式」とも呼ばれます。

インボイス制度のもとでは、次の事項が記載された「適格請求書（インボイス）」を交付する必要があります。

・適格請求書発行事業者の氏名又は名称及び登録番号

・取引年月日

・取引内容（軽減税率の対象品目である旨）

・税率ごとに区分して合計した対価の額（税抜き又は税込み）及び適用税率

・税率ごとに区分した消費税額等

・書類の交付を受ける事業者の氏名又は名称

1　事例

具体的な事例をもとに、どのような請求書を作成するのかを確認しましょう。

●事例

キッチン用品を会員向けに販売している企業で、正確で効率的な請求書の作成を検討しています。

これまでは請求書に顧客情報や商品情報を入力する際、別のシートからデータをコピーしたり、台帳を見ながら入力したりしていました。このような手入力の作業は非効率的で時間がかかるだけでなく、請求書の発行が集中する月末には入力ミスが多発して顧客に迷惑をかけることもありました。

これからは、できるだけ手入力の作業を必要最低限に抑え、作業を効率化すると共に入力ミスを防止したいと考えています。

2 処理の流れ

異なるブックで管理されていた「**請求書**」「**顧客一覧**」「**配送料一覧**」「**商品一覧**」をひとつの
ブックにまとめて管理しやすくします。また、効率的に作業が進むように、関数を使って関連
するデータを自動的に表示させます。

●請求書

●顧客一覧

顧客番号	顧客名	担当者	郵便番号	都道府県	住所	電話番号	配送料	取引開始日
1001	あさひ栄養専門学校	西井 美里	166-XXXX	東京都	杉並区阿佐谷南X-X-X	03-XXX-XXXX	700	2022/10/3
1002	株式会社クボクッキング	久保 洋子	231-XXXX	神奈川県	横浜市中区X-X-X	045-XXX-XXXX	700	2022/10/7
1003	おおつ販売株式会社	大桃 智夫	910-XXXX	福井県	福井市大手X-X-X	0776-XX-XXXX	800	2022/10/13
1004	土江クッキングスクール	土江 裕子	260-XXXX	千葉県	千葉市中央区旭町X-X-X	043-XXX-XXXX	700	2022/10/14
1005	株式会社レコミ	佐々木 由美	760-XXXX	香川県	高松市紙屋町X-X-X	087-XXX-XXXX	800	2022/10/17
1006	株式会社クックサツマ	大戸 元一	890-XXXX	鹿児島県	鹿児島市荒田X-X-X	099-XXX-XXXX	1,000	2022/10/19
1007	マーメイドキッチン株式会社	沢村 舞	105-XXXX	東京都	港区虎ノ門X-X-X	03-XXX-XXXX	700	2022/10/20
1008	岡田雑貨販売株式会社	岡田 喜絵	194-XXXX	東京都	町田市原町田XX-XX-X	042-XXX-XXXX	700	2022/10/21
1009	堀江調理専門校	堀江 祥子	154-XXXX	東京都	世田谷区桜通中X-X-X	03-XXX-XXXX	700	2022/10/24
1010	エリーゼクッキング株式会社	福西 結果	612-XXXX	京都府	京都市伏見区小豆屋町X-X-X	075-XXX-XXXX	800	2022/10/28
1011	株式会社YD企画	山本 大輔	753-XXXX	山口県	山口市大手町X-X-X	083-XXX-XXXX	800	2022/11/2
1012	MIKIO料理教室	渡辺 樹生	813-XXXX	福岡県	福岡市東区青葉X-X-X	092-XXX-XXXX	1,000	2022/11/9
1013	株式会社さくら販売	原田 幸二	531-XXXX	大阪府	大阪市北区豊崎X-X-X	06-XXX-XXXX	800	2022/11/14
1014	キッチン雑貨アップル・ホーム	伊勝 恵子	006-XXXX	北海道	札幌市手稲区前田二条X-XX-X	011-XXX-XXXX	1,000	2022/11/18
1015	パイナップル・カフェ株式会社	本庄 祐子	103-XXXX	東京都	中央区日本橋X-X-X	03-XXX-XXXX	700	2022/11/22

●配送料一覧

都道府県名	都道府県別配送料
北海道	1,000
青森県	800
岩手県	800
秋田県	800
山形県	800
宮城県	800
福島県	800
茨城県	700
栃木県	700
群馬県	700
埼玉県	700
東京都	700
千葉県	700
神奈川県	700
山梨県	700
静岡県	700
新潟県	800
長野県	800
富山県	800
石川県	800
福井県	800
愛知県	800

●商品一覧

型番	商品名	仕様	標準価格	会員価格
D-101	フードカッター キュイジーンC	2.3L	48,000	43,200
D-102	ハンドミキサー キュイジーンM	170W	9,800	8,820
D-103	ミキサー ダーミックス	110W	29,800	26,820
D-104	トースター SANROGI	1000W	43,000	38,700
D-105	アイスクリームメーカー	1.5L	19,800	17,820
H-101	木製まな板	24×38×3cm	2,500	2,250
H-102	プラスチックまな板	45×25×1.2cm	4,000	3,600
H-103	キッチンスケール デリカ	2kg	5,800	5,220
H-104	野菜水切り器	23cm	2,800	2,520
H-105	オーブンミット	33cm	1,000	900
H-106	木製ヘラ丸	30cm	500	450
H-107	木製ヘラ角	30cm	600	540
H-108	耐熱ゴムベラ	25cm	700	630
H-109	お玉 中	中	700	630
H-110	お玉 小	小	600	540
H-111	フライ返し	25cm	500	450
H-112	万能こし器	12cm	1,200	1,080
H-113	トング	19cm	700	630
N-101	雪平鍋 24cm	24cm	3,600	3,240
N-102	雪平鍋 18cm	18cm	2,100	1,890
N-103	フスラー圧力鍋 8L	8L	36,000	32,400
N-104	フスラー圧力鍋 6L	6L	30,000	27,000
N-105	鉄フライパン	22cm	4,800	4,320

請求書（統合後）

	2023年8月1日
	発行No.12345号

お客様番号	1002
お客様名	株式会社クボクッキング 御中
ご住所	〒231-XXXX
	神奈川県横浜市中区X-X-X

株式会社 富士流商
〒212-0014
神奈川県川崎市幸区大宮町XX
電話番号：044-XXX-XXXX
登録番号：T1234567890123

下記のとおりご請求申し上げます。
なお、振込手数料はお客様にてご負担いただきますようお願い申し上げます。

ご請求金額（税込） 金１３，０９８円也	

お支払期日	2023年8月15日
お振込先	FOM銀行 海岸支店
	普通 123XXXX
	カ）フジ リュウショウ

【明細】

No.	取引日	型番	商品名	仕様	単価	数量	金額
1	2023/8/1	H-102	プラスチックまな板	45×25×1.2cm	3,600	1	3,600
2	2023/8/1	S-112	プリン型	5×6cm	324	7	2,268
3	2023/8/1	S-108	シフォンケーキ型 大	大 21×10cm	3,240	2	6,480

— 関数を使って
関連データを自動表示

備考	本体合計金額	12,348
一万円以上お買い上げの場合は、配送料は弊社が負担いたします。	特別割引	-440
	割引後金額	11,908
	消費税（10%）	1,190
	配送料	0
	総額	13,098

FUJIRYUSHO Co.,Ltd.

請求書　顧客一覧　配送料一覧　商品一覧

ひとつのブックにまとめて管理

1 作成する請求書の確認

作業者が入力するセルと、関数などの数式を使って自動入力させるセルを確認しましょう。

● 入力するセル

●関数などを使って自動入力させるセル

顧客番号(お客様番号)を入力すると、顧客名と住所が表示される

総額が表示されると、請求金額が表示される

発行日を入力すると、支払期日が表示される

型番を入力すると、商品名、仕様、単価が表示される

数量を入力すると、金額、本体合計金額が算出される

特別割引に応じて、割引後金額、消費税が算出される

顧客番号を入力すると、顧客の住所に応じた配送料が表示される

すべての金額が表示されると、総額が算出される

取引日を入力すると、連番が表示される

本体合計金額に応じて備考が表示される

2 参照用の表の確認

参照用に使う「顧客一覧」「配送料一覧」「商品一覧」を確認しましょう。
関連するデータを正しく参照させるには、同じブック内に参照用の表を作成しておくとよいでしょう。

●顧客一覧

顧客名、住所などの顧客情報の一覧です。顧客情報は、顧客番号を付けて管理しています。

	A	B	C	D	E	F	G	H	I
1	顧客番号	顧客名	担当者	郵便番号	都道府県	住所	電話番号	配送料	取引開始日
2	1001	あさひ栄養専門学校	西井 美里	166-XXXX	東京都	杉並区阿佐谷南X-X-X	03-XXXX-XXXX	700	2022/10/3
3	1002	株式会社クボクッキング	久保 洋子	231-XXXX	神奈川県	横浜市中区X-X-X	045-XXX-XXXX	700	2022/10/7
4	1003	おおつき販売株式会社	大槻 智夫	910-XXXX	福井県	福井市大手X-X-X	0776-XX-XXXX	800	2022/10/13
5	1004	土江クッキングスクール	土江 裕子	260-XXXX	千葉県	千葉市中央区旭町X-X-X	043-XXX-XXXX	700	2022/10/14
6	1005	株式会社レユミ	佐々木 由美	760-XXXX	香川県	高松市紺屋町X-X-X	087-XXX-XXXX	800	2022/10/17
7	1006	株式会社クックサツマ	大戸 光一	890-XXXX	鹿児島県	鹿児島市荒田X-X-X	099-XXX-XXXX	1,000	2022/10/19
8	1007	マーメイドキッチン株式会社	沢村 舞	105-XXXX	東京都	港区虎ノ門XX-X-X	03-XXXX-XXXX	700	2022/10/20
9	1008	岡田雑貨販売株式会社	岡田 喜絵	194-XXXX	東京都	町田市原町田XX-XX-X	042-XXX-XXXX	700	2022/10/21
10	1009	堀江調理専門学校	堀江 祥子	154-XXXX	東京都	世田谷区豪徳寺X-X-X	03-XXXX-XXXX	700	2022/10/24
11	1010	エリーゼクッキング株式会社	福西 絵里	612-XXXX	京都府	京都市伏見区小豆屋町X-X	075-XXX-XXXX	800	2022/10/28
12	1011	株式会社YD企画	山本 大輔	753-XXXX	山口県	山口市大手町X-X-X	083-XXX-XXXX	800	2022/11/2
13	1012	MIKIO料理教室	渡辺 樹生	813-XXXX	福岡県	福岡市東区青葉X-X-X	092-XXX-XXXX	1,000	2022/11/9
14	1013	株式会社さくら販売	原田 孝二	531-XXXX	大阪府	大阪市北区豊崎X-X-X	06-XXXX-XXXX	800	2022/11/14
15	1014	キッチン雑貨アップル・ホーム	伊藤 恵子	006-XXXX	北海道	札幌市手稲区前田二条X-XX	011-XXX-XXXX	1,000	2022/11/18
16	1015	パイナップル・カフェ株式会社	本庄 祐子	103-XXXX	東京都	中央区日本橋X-X-X	03-XXXX-XXXX	700	2022/11/22

●配送料一覧

都道府県ごとの配送料の一覧です。

	A	B
1	都道府県名	都道府県別配送料
2	北海道	1,000
3	青森県	800
4	岩手県	800
5	秋田県	800
6	山形県	800
7	宮城県	800
8	福島県	800
43	長崎県	1,000
44	大分県	1,000
45	熊本県	1,000
46	宮崎県	1,000
47	鹿児島県	1,000
48	沖縄県	1,000

●商品一覧

商品名、仕様、価格などの商品情報の一覧です。商品情報は、型番を付けて管理しています。

	A	B	C	D	E
1	型番	商品名	仕様	標準価格	会員価格
2	D-101	フードカッター キュイジーンC	2.3L	48,000	43,200
3	D-102	ハンドミキサー キュイジーンM	170W	9,800	8,820
4	D-103	ミキサー ダーミックス	110W	29,800	26,820
5	D-104	トースター SANROGI	1000W	43,000	38,700
6	D-105	アイスクリームメーカー	1.5L	19,800	17,820
7	H-101	木製まな板	24×38×3cm	2,500	2,250
8	H-102	プラスチックまな板	45×25×1.2cm	4,000	3,600
9	H-103	キッチンスケール デリカ	2kg	5,800	5,220
10		野菜			2,5
32	S-106	デコレーションケーキ型 大	大 21×8cm	1,200	1,080
33	S-107	デコレーションケーキ型 小	小 15×6cm	800	720
34	S-108	シフォンケーキ型 大	大 21×10cm	3,600	3,240
35	S-109	シフォンケーキ型 小	小 15×8cm	2,300	2,070
36	S-110	スケッパー	12×11cm	500	450
37	S-111	めん棒	3.3×60cm	1,600	1,440
38	S-112	プリン型	5×6cm	360	324
39	S-113	泡立て器	27cm	1,200	1,080

POINT 別ブックの参照

別ブックの表を参照させることもできます。ただし、ブックの保存場所を移動したり、ブック名を変更したりすると、関連データを表示できなくなることがあるので注意が必要です。

参照用の表を準備する

1 別ブックのシートのコピー

別ブックのシート**「顧客一覧」**「配送料一覧」「商品一覧」をブック**「請求書」**にコピーして、ひとつのブックにまとめましょう。

1 複数のブックを開く

ブック**「請求書」「顧客一覧」「商品一覧」**をまとめて開きましょう。
※ブック「顧客一覧」には、シート「顧客一覧」とシート「配送料一覧」が保存されています。
※Excelを起動しておきましょう。

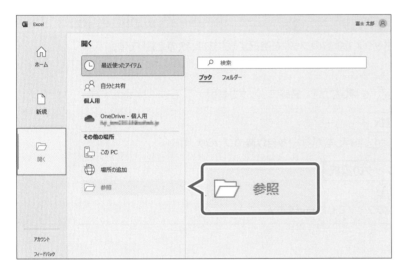

①スタート画面が表示されていることを確認します。

②《**開く**》をクリックします。

③《**参照**》をクリックします。

《**ファイルを開く**》ダイアログボックスが表示されます。

④フォルダー**「第2章」**を開きます。

※《ドキュメント》→「Excel関数テクニック2021／365」→「第2章」を選択します。

⑤**「顧客一覧」**を選択します。

⑥ [Shift] を押しながら、**「請求書」**を選択します。

3つのブックが選択されます。

⑦《**開く**》をクリックします。

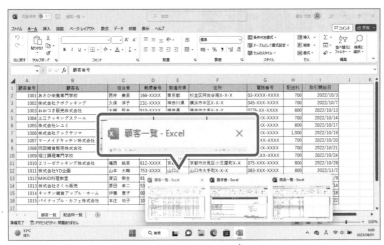

3つのブックが開かれます。

※お使いの環境によっては、一番手前に表示されるブックが異なります。

ブック**「顧客一覧」**をアクティブウィンドウにします。

⑧タスクバーのExcelのアイコンをポイントします。

ブックのサムネイルが表示されます。

⑨ブック**「顧客一覧」**のサムネイルをクリックします。

ブック**「顧客一覧」**が表示されます。

POINT　複数ブックの選択

《ファイルを開く》ダイアログボックスで複数のブックを選択する方法は、次のとおりです。

連続するブックの選択

◆先頭のブックを選択→ Shift を押しながら、最終のブックを選択

連続していないブックの選択

◆1つ目のブックを選択→ Ctrl を押しながら、2つ目以降のブックを選択

フォルダー内のすべてのブックの選択

◆ブックを選択→ Ctrl ＋ A

※最初に選択するブックはどのブックでもかまいません。

---

2 別ブックのシートのコピー

ブック**「顧客一覧」**のシート**「顧客一覧」「配送料一覧」**と、ブック**「商品一覧」**のシート**「商品一覧」**をブック**「請求書」**にコピーして、ひとつのブックにまとめましょう。

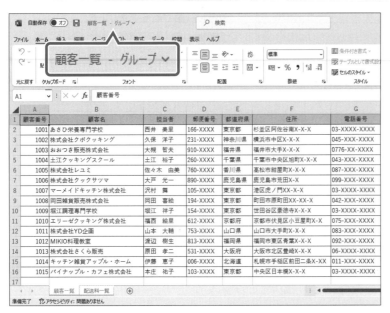

①ブック**「顧客一覧」**のシート**「顧客一覧」**がアクティブシートになっていることを確認します。

② Shift を押しながら、シート**「配送料一覧」**のシート見出しをクリックします。

2枚のシートが選択され、グループが設定されます。

※タイトルバーに《グループ》と表示されます。

※お使いの環境によっては、《[グループ]》と表示されます。

③シート「**顧客一覧**」のシート見出しを右クリックします。

※シート「**配送料一覧**」のシート見出しでもかまいません。

④《**移動またはコピー**》をクリックします。

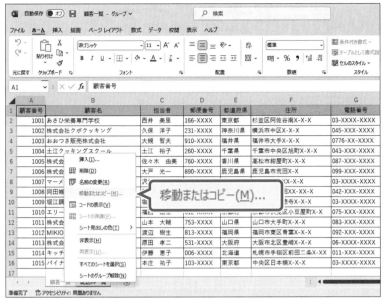

《**移動またはコピー**》ダイアログボックスが表示されます。

※お使いの環境によっては、《シートの移動またはコピー》ダイアログボックスが表示されます。

⑤《**移動先ブック名**》の をクリックし、一覧から「**請求書.xlsx**」を選択します。

⑥《**挿入先**》の一覧から《**（末尾へ移動）**》を選択します。

⑦《**コピーを作成する**》を ☑ にします。

※《コピーを作成する》を ☐ にした場合、シートは移動されます。

⑧《**OK**》をクリックします。

ブック「**請求書**」がアクティブウィンドウになり、2枚のシートがコピーされます。

⑨同様に、ブック「**商品一覧**」のシート「**商品一覧**」を、ブック「**請求書**」の末尾にコピーします。

※ブック「顧客一覧」とブック「商品一覧」は保存せずに閉じておきましょう。

STEP 4 ユーザー定義の表示形式を設定する

1 ユーザー定義の表示形式

Excelに用意されている表示形式のほかに、ユーザーが独自に文字列を付けて表示したり、日付に曜日を付けて表示したりなど、シート上の表示を変更できます。

シート「**請求書**」のセル【I4】の「**12345**」が「**発行No.12345号**」と表示されるように、表示形式を設定しましょう。

① シート「**請求書**」のシート見出しをクリックします。

② セル【I4】をクリックします。

③《**ホーム**》タブを選択します。

④《**数値**》グループの ⬚ (表示形式) をクリックします。

《**セルの書式設定**》ダイアログボックスが表示されます。

⑤《**表示形式**》タブを選択します。

⑥《**分類**》の一覧から《**ユーザー定義**》を選択します。

⑦《**種類**》に「"発行No."0"号"」と入力します。

※《種類》に数値や文字列が表示されている場合は、削除してから入力します。

※文字列は「"（ダブルクォーテーション）」で囲みます。

※「0」はセルに入力されている数値を意味します。

※《サンプル》に、設定した表示形式が表示されます。

⑧《**OK**》をクリックします。

数値の左に「**発行No.**」、右に「**号**」が表示されます。

POINT 《セルの書式設定》ダイアログボックスの《表示形式》タブ

ユーザー定義の表示形式を設定する場合は、《セルの書式設定》ダイアログボックスの《表示形式》タブを使います。

❶分類

表示形式の分類が一覧で表示されます。ユーザー定義の表示形式を設定する場合、《ユーザー定義》を選択します。

❷サンプル

定義した表示形式のサンプルが表示されます。

❸種類

ユーザー定義の表示形式を入力します。表示形式は、正の数値、負の数値、0、文字列の4つのセクションに分けて設定することもできます。また、Excelに用意されている表示形式の一覧から選択することもできます。

❹削除

定義した表示形式を削除します。

STEP UP ユーザー定義の表示形式の構成

ユーザー定義の表示形式は、次の4つのセクションに分けて設定できます。

正;負;0;文字列
❶ ❷ ❸ ❹

❶正の数値

正（プラス）の数値に設定する表示形式を指定します。

❷負の数値

負（マイナス）の数値に設定する表示形式を指定します。

❸ゼロの数値

0に設定する表示形式を指定します。

❹文字列

文字列に設定する表示形式を指定します。

例：

0;(0);;@

正の数値ならそのまま表示、負の数値なら「( )」で囲んで表示、0なら何も表示せず、文字列はそのまま表示することを表します。

※途中のセクションを省略すると、そのセクションのデータは何も表示しない設定になります。省略する場合は「;（セミコロン）」を続けて入力します。

STEP UP　ユーザー定義の表示形式

ユーザー定義の表示形式には、次のようなものがあります。

●数値の表示形式

表示形式	入力データ	表示結果	備考
0	123	123	「0」と「#」は両方とも数値の桁数を意味します。「0」は入力する数値が「0」のときは「0」を表示します。「#」は入力する数値が「0」のときは何も表示しません。
	0	0	
#	123	123	
	0	空白	
0000	123	0123	指定した桁数分を表示します。桁数が足りない場合は、「0」を表示します。
	0	0000	
#,##0	12300	12,300	3桁ごとに「,(カンマ)」で区切って表示し、「0」の場合は「0」を表示します。
	0	0	
#,###	12300	12,300	3桁ごとに「,(カンマ)」で区切って表示し、「0」の場合は空白を表示します。
	0	空白	
0.000	9.8765	9.877	小数点以下を指定した桁数分表示します。指定した桁数を超えた場合は四捨五入し、足りない場合は「0」を表示します。
	9.8	9.800	
#.###	9.8765	9.877	小数点以下を指定した桁数分表示します。指定した桁数を超えた場合は四捨五入し、足りない場合はそのまま表示します。
	9.8	9.8	
#,##0,	12300000	12,300	百の位を四捨五入し、千単位で表示します。
#,##0"人"	12300	12,300人	入力した数値データの右に「人」を付けて表示します。
"第"#"会議室"	2	第2会議室	入力した数値データの左に「第」、右に「会議室」を付けて表示します。

●日付の表示形式

表示形式	入力データ	表示結果	備考
yyyy/m/d	2023/8/1	2023/8/1	
yyyy/mm/dd	2023/8/1	2023/08/01	月日が1桁の場合、「0」を付けて表示します。
yyyy/m/d ddd	2023/8/1	2023/8/1 Tue	
yyyy/m/d (ddd)	2023/8/1	2023/8/1 (Tue)	
yyyy/m/d dddd	2023/8/1	2023/8/1 Tuesday	
yyyy"年"m"月"d"日"	2023/8/1	2023年8月1日	
yyyy"年"mm"月"dd"日"	2023/8/1	2023年08月01日	月日が1桁の場合、「0」を付けて表示します。
ggge"年"m"月"d"日"	2023/8/1	令和5年8月1日	元号で表示します。
m"月"d"日"	2023/8/1	8月1日	
m"月"d"日" aaa	2023/8/1	8月1日 火	
m"月"d"日" (aaa)	2023/8/1	8月1日(火)	
m"月"d"日" aaaa	2023/8/1	8月1日 火曜日	

●文字列の表示形式

表示形式	入力データ	表示結果	備考
@"様"	富士太郎	富士太郎様	入力した文字列の右に「様」を付けて表示します。
"タイトル:"@	山	タイトル:山	入力した文字列の左に「タイトル:」を付けて表示します。

連番を自動入力する

1 連番の自動入力

取引日を入力すると、自動的に明細のNo.に連番が表示されるようにしましょう。また、取引日が入力されていないときは、何も表示されないようにします。
IF関数を使います。

1 IF関数

「**IF関数**」を使うと、指定した条件を満たしている場合と満たしていない場合の結果を表示できます。

> ● **IF関数**
>
> 論理式の結果に基づいて、論理式が真（TRUE）の場合の値、論理式が偽（FALSE）の場合の値をそれぞれ返します。
>
> ＝IF（**論理式, 値が真の場合, 値が偽の場合**）
>   ❶   ❷   ❸
>
> ---
>
> ❶**論理式**
> 判断の基準となる数式を指定します。
>
> ❷**値が真の場合**
> 論理式の結果が真（TRUE）の場合の処理を数値や数式、文字列で指定します。
>
> ❸**値が偽の場合**
> 論理式の結果が偽（FALSE）の場合の処理を数値や数式、文字列で指定します。
>
> 例1:
>
>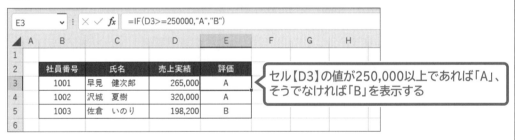
>
> セル【D3】の値が250,000以上であれば「A」、そうでなければ「B」を表示する
>
> 例2:
>
>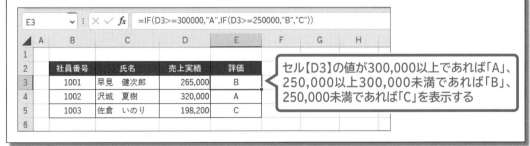
>
> セル【D3】の値が300,000以上であれば「A」、250,000以上300,000未満であれば「B」、250,000未満であれば「C」を表示する

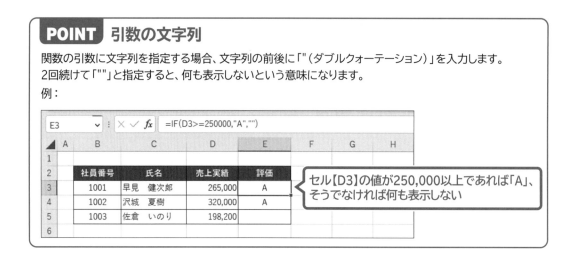

POINT　引数の文字列

関数の引数に文字列を指定する場合、文字列の前後に「"（ダブルクォーテーション）」を入力します。
2回続けて「""」と指定すると、何も表示しないという意味になります。
例：

セル【D3】の値が250,000以上であれば「A」、そうでなければ何も表示しない

2 連番の自動入力

セル範囲【B20:B33】に連番を表示する数式を入力しましょう。
連番は、セル【B19】の「1」をもとに表示します。また、IF関数を使って、C列の取引日が入力されていないときは、何も表示されないようにします。

●セル【B20】の数式

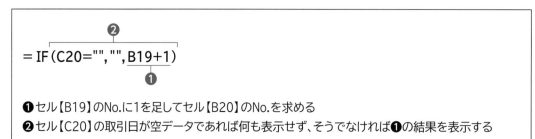

$$= IF(C20="","",B19+1)$$

❶セル【B19】のNo.に1を足してセル【B20】のNo.を求める
❷セル【C20】の取引日が空データであれば何も表示せず、そうでなければ❶の結果を表示する

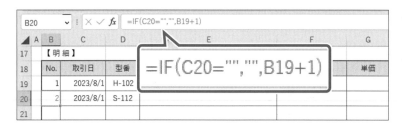

①セル【B20】に「=IF(C20="","",B19+1)」と入力します。
セル【B20】に「2」と表示されます。

②セル【B20】を選択し、セル右下の■（フィルハンドル）をセル【B33】までドラッグします。
数式がコピーされます。
※取引日が入力されていないため、何も表示されません。

▲	A	B	C	D	E	F	G
17		【明細】					
18		No.	取引日	型番	商品名	仕様	単価
19		1	2023/8/1	H-102			
20		2	2023/8/1	S-112			
21		3	2023/8/1	S-108			
22							
23							
24							
25							
26							
27							
28							

取引日を入力するとNo.が表示されることを確認します。明細の3行目に取引日を入力します。

③セル【C21】に「2023/8/1」と入力します。

セル【B21】に「3」が表示されます。

続けて、型番を入力します。

④セル【D21】に「S-108」と入力します。

POINT オートフィルオプション

○	セルのコピー(C)
◉	連続データ(S)
○	書式のみコピー (フィル)(F)
○	書式なしコピー (フィル)(O)
○	フラッシュ フィル(F)

■(フィルハンドル)をドラッグすると、(オートフィルオプション)が表示されます。クリックすると、表示される一覧から、オートフィルで入力したセルの書式の有無を指定したり、日付のデータの場合は日付の単位を変更したりできます。

POINT 演算記号

数式で使う演算記号は、次のとおりです。

演算記号	計算方法	一般的な数式	入力する数式
+(プラス)	たし算	2+3	=2+3
−(マイナス)	ひき算	2−3	=2−3
*(アスタリスク)	かけ算	2×3	=2*3
/(スラッシュ)	わり算	2÷3	=2/3
^(キャレット)	べき乗	2^3	=2^3

POINT 演算子

IF関数で論理式を指定するときは、次のような演算子を使います。

演算子	例	意味
=	A=B	AとBが等しい
>=	A>=B	AがB以上
<=	A<=B	AがB以下
>	A>B	AがBより大きい
<	A<B	AがBより小さい
<>	A<>B	AとBが等しくない

STEP 6 参照用の表からデータを検索する

1 顧客情報の参照

顧客番号を入力すると、自動的に顧客名と郵便番号が表示されるようにしましょう。入力された顧客番号をもとに、シート**「顧客一覧」**を参照し、顧客番号に該当する顧客名と郵便番号を表示します。また、該当する顧客番号が見つからない場合は、何も表示されないようにします。XLOOKUP関数を使います。

1 XLOOKUP関数

「XLOOKUP関数」を使うと、指定した範囲から該当するコードや番号、文字列などのデータを検索し、対応するデータを表示できます。

●XLOOKUP関数

検索範囲から該当するデータを検索し、対応する戻り範囲のデータを表示します。

＝XLOOKUP(検索値, 検索範囲, 戻り範囲, 見つからない場合, 一致モード, 検索モード)
　　　　　　❶　　　❷　　　❸　　　　❹　　　　❺　　　　❻

❶検索値
検索対象のコードや番号を入力するセルを指定します。
※全角と半角、アルファベットの大文字と小文字は区別されません。

❷検索範囲
検索値を検索するセル範囲を指定します。

❸戻り範囲
検索値に対応するセル範囲を指定します。❷検索範囲と同じ高さのセル範囲を指定します。

❹見つからない場合
検索値が見つからない場合に返す値を指定します。
※省略できます。省略すると、エラー「#N/A」が返されます。

❺一致モード
検索値を一致と判断する基準を指定します。

0	完全に一致するものを検索します。等しい値が見つからない場合、エラー「#N/A」を返します。
-1	完全に一致するものを検索します。等しい値が見つからない場合、次に小さいデータを返します。
1	完全に一致するものを検索します。等しい値が見つからない場合、次に大きいデータを返します。
2	ワイルドカード文字を使って検索します。

※省略できます。省略すると、「0」を指定したことになります。
※「ワイルドカード文字」については、P.45「POINT ワイルドカード文字」を参照してください。

❻検索モード
検索範囲を検索する方向を指定します。

1	検索範囲の先頭から末尾へ向かって検索します。
-1	検索範囲の末尾から先頭へ向かって検索します。
2	昇順で並べ替えられた検索範囲を使用して検索します。大量のデータを高速に検索する必要がある場合に使います。並べ替えられていない場合、無効となります。
-2	降順で並べ替えられた検索範囲を使用して検索します。大量のデータを高速に検索する必要がある場合に使います。並べ替えられていない場合、無効となります。

※省略できます。省略すると、「1」を指定したことになります。

---

2 名前の定義

関数の引数に利用するために、シート**「顧客一覧」**とシート**「商品一覧」**の各項目に名前を定義しましょう。

名前は名前ボックスを使って定義することもできますが、 🔲 選択範囲から作成 (選択範囲から作成)を使うと、表の1行目の項目名をもとにまとめて定義できます。

※ブック内の表に同じ項目名がないことを確認しておきましょう。

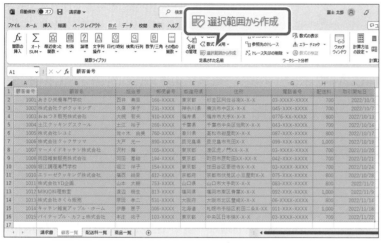

シート**「顧客一覧」**の各項目の名前を定義します。

①シート**「顧客一覧」**のシート見出しをクリックします。

②セル範囲**【A1:I16】**を選択します。

③**《数式》**タブを選択します。

④**《定義された名前》**グループの
🔲 選択範囲から作成 (選択範囲から作成)をクリックします。

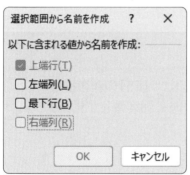

《選択範囲から名前を作成》ダイアログボックスが表示されます。

上端行の項目名を名前として定義します。

⑤**《上端行》**が☑になっていることを確認します。

⑥**《右端列》**を☐にします。

⑦**《OK》**をクリックします。

同様に、シート**「商品一覧」**の各項目の名前を定義します。

⑧シート**「商品一覧」**のシート見出しをクリックします。

⑨セル範囲**【A1:E39】**を選択します。

※セル範囲**【A1:E1】**を選択し、 Ctrl + Shift を押しながら ↓ を押すと効率よく選択できます。

⑩**《定義された名前》**グループの
🔲 選択範囲から作成 (選択範囲から作成)をクリックします。

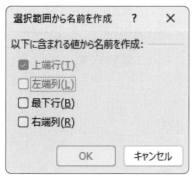

《選択範囲から名前を作成》ダイアログボックスが表示されます。

上端行の項目名を名前として定義します。

⑪**《上端行》**が☑になっていることを確認します。

⑫**《左端行》**を☐にします。

⑬**《OK》**をクリックします。

名前ボックス

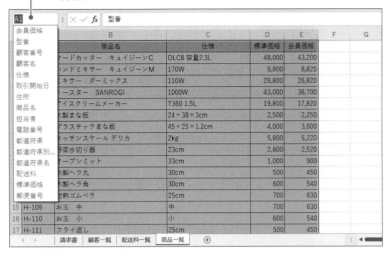

定義された名前を確認します。

⑭名前ボックスの✓をクリックします。

ブック内に定義されている名前の一覧が表示されます。

※シート「配送料一覧」の各項目は、事前に名前を定義しています。

※確認後、[Esc]を押して一覧を閉じておきましょう。

POINT　名前の編集・削除

定義した名前は、名前を変更したり、セル範囲を変更したりできます。名前やセル範囲を変更すると、その名前を使用している関数に自動的に変更が反映されます。

名前を編集・削除する方法は、次のとおりです。

◆《数式》タブ→《定義された名前》グループの（名前の管理）→一覧から名前を選択→《編集》／《削除》

---

3 顧客名の表示

XLOOKUP関数を使って、シート「**請求書**」のセル【E5】の顧客番号をもとに、セル【E6】に顧客名を表示する数式を入力しましょう。該当する顧客番号が見つからない場合は、何も表示されないようにします。

※引数には名前「顧客番号」「顧客名」を使います。

●セル【E6】の数式

= XLOOKUP（$E$5,顧客番号,顧客名,""）
         ❶

❶セル【E5】の顧客番号をもとに、名前「顧客番号」を検索して値が一致するとき、名前「顧客名」から同じ行のデータを表示する。一致しないときは何も表示しない

=XLOOKUP($E$5,

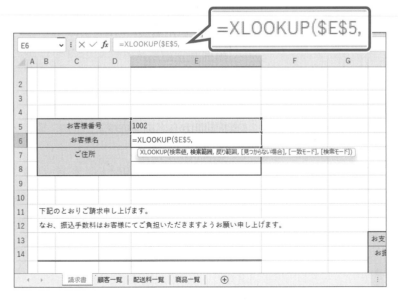

①シート「**請求書**」のシート見出しをクリックします。

②セル【E6】に「=XLOOKUP（$E$5,」と入力します。

※数式をコピーするため、セル【E5】は常に同じセルを参照するように絶対参照にしておきます。

※絶対参照を指定するには、[F4]を使用すると効率的です。

定義した名前を指定します。

③《数式》タブを選択します。

④《定義された名前》グループの
⟨ƒₓ 数式で使用 ⟩(数式で使用)をクリック
します。

⑤「顧客番号」をクリックします。

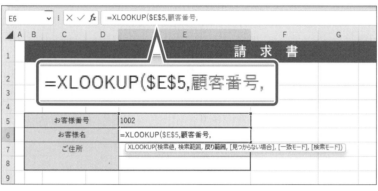

⑥数式バーに「=XLOOKUP($E$5,顧客
番号」と表示されていることを確認し
ます。

⑦続けて「,」を入力します。

⑧《定義された名前》グループの
⟨ƒₓ 数式で使用 ⟩(数式で使用)をクリック
します。

⑨「顧客名」をクリックします。

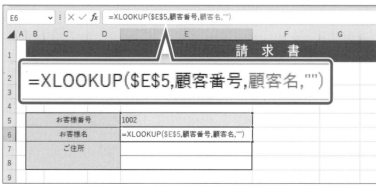

⑩数式バーに「=XLOOKUP($E$5,顧客
番号,顧客名」と表示されていることを
確認します。

⑪続けて「,"")」と入力します。

⑫ Enter を押します。

セル【E5】の顧客番号に該当する顧客名が表示されます。

※セル【E5】の顧客番号を削除すると、何も表示されないことを確認しておきましょう。確認後、セル【E5】に「1002」と入力しておきましょう。

POINT 数式で名前を使用

数式で使用 ▼ (数式で使用)を使う以外に、数式に直接名前を入力しても、自動的に名前として判断されます。

---

4 郵便番号の表示

セル【E6】の数式をセル【E7】にコピーして、郵便番号を表示する数式に編集しましょう。

①セル【E6】を選択し、セル右下の■（フィルハンドル）をセル【E7】までドラッグします。

数式がコピーされます。

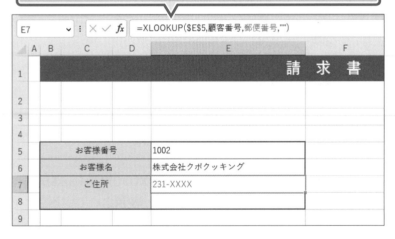

=XLOOKUP($E$5,顧客番号,郵便番号,"")

②セル【E7】の数式を「=XLOOKUP（$E$5,顧客番号,郵便番号,""）」に修正します。

※引数「顧客名」を「郵便番号」に修正します。

郵便番号が表示されます。

POINT 数式の編集

数式を編集する方法には、次のような方法があります。
- ◆ セルをダブルクリック
- ◆ セルを選択→数式バーをクリック
- ◆ セルを選択→ F2

STEP UP 一致モードの指定

XLOOKUP関数の引数「一致モード」に「-1」や「1」を指定すると、完全に一致するデータがない場合、近似値を含めて検索できます。「検索範囲」を並べ替えておく必要はありません。

●「一致モード」に「-1」を指定

「○○以上○○未満」の結果を返します。検索範囲には「○○以上」を入力したセル範囲を指定します。

	A	B	C	D	E	F	G	H	I
1		●成績評価					●評価基準		
2		氏名	点数	評価			評価	点数	
3		大村　早苗	80	B			A	90	以上
4		川崎　美歩	95	A			B	70	以上
5		児玉　洋平	65	C			C	50	以上
6		佐々木　美緒	92	A			D	0	以上
7		清水　智	100	A					
8		園田　カナ	20	D			戻り範囲	検索範囲	
9		森　俊二	57	C					
10		山口　玲子	87	B			=XLOOKUP(C3,$G$3:$G$6,$F$3:$F$6,"",-1)		

●「一致モード」に「1」を指定

「○○より大きく○○以下」の結果を返します。検索範囲には「○○以下」を入力したセル範囲を指定します。

	A	B	C	D	E	F	G	H	I
1		●成績評価					●評価基準		
2		氏名	点数	評価			評価	点数	
3		大村　早苗	80	B			A	100	以下
4		川崎　美歩	95	A			B	89	以下
5		児玉　洋平	65	C			C	69	以下
6		佐々木　美緒	92	A			D	49	以下
7		清水　智	100	A					
8		園田　カナ	20	D			戻り範囲	検索範囲	
9		森　俊二	57	C					
10		山口　玲子	87	B			=XLOOKUP(C3,$G$3:$G$6,$F$3:$F$6,"",1)		

●「一致モード」に「2」を指定

ワイルドカード文字を使って、部分的に等しい文字列を検索値として指定できます。

	A	B	C	D	E	F	G	H
1		●商品一覧					●分類検索	
2								
3		型番	分類	商品名	単価		型番	分類
4		F10	フルーツ	みかん	50		F*	フルーツ
5		F20	フルーツ	りんご	100			
6		F30	フルーツ	ぶどう	150			
7		K10	加工品	ミックスゼリー	200			
8		K20	加工品	いちごジャム	300			

検索範囲　戻り範囲

=XLOOKUP(G4,$B$4:$B$8,$C$4:$C$8,"",2)

POINT ワイルドカード文字

検索条件を指定する場合、ワイルドカード文字を使って条件を指定すると、部分的に等しい文字列を検索できます。フィルターの条件にも指定できます。

ワイルドカード文字	検索対象		例
？（疑問符）	任意の1文字	み？ん	「みかん」「みりん」は検索されるが、「みんかん」は検索されない。
＊（アスタリスク）	任意の数の文字	東京都＊	「東京都」の右に何文字続いても検索される。
~（チルダ）	ワイルドカード文字「？（疑問符）」「＊（アスタリスク）」「~（チルダ）」	~＊	「＊」が検索される。

POINT XLOOKUP関数の便利な点

XLOOKUP関数と同じようにコードや番号をもとに参照用の表から該当データを検索する関数に、VLOOKUP関数やHLOOKUP関数、LOOKUP関数などがあります。

これらの関数はXLOOKUP関数が登場する前から使われており、参照用の表のデータが縦方向なのか横方向なのか、検索範囲が左端かそれ以外かといった表の構成に応じて使い分ける必要がありました。XLOOKUP関数は表の構成に関係なく使うことができるため、この関数を覚えておけば、いろいろな表で活用できます。

また、XLOOKUP関数を使うと、IF関数などほかの関数と組み合わせなくても、検索値が見つからない場合の処理を指定できるなど、便利な点が多くあります。

=IF（B5="","該当なし",VLOOKUP（B5,E4：H8,3,FALSE））

	A	B	C	D	E	F	G	H
1		●商品検索			●商品一覧			
2		VLOOKUP関数						
3		・型番から商品名を検索			型番	分類	商品名	単価
4		型番	商品名		1010	フルーツ	みかん	50
5		1030	ぶどう		1020	フルーツ	りんご	100
6					1030	フルーツ	ぶどう	150
7		XLOOKUP関数			2010	加工品	ミックスゼリー	200
8		・型番から商品名を検索			2020	加工品	いちごジャム	300
9		型番	商品名					
10		1030	ぶどう					
11		・商品名から型番を検索						
12		商品名	型番					
13		ぶどう	1030					
14								

＝XLOOKUP（B10,E4：E8,G4：G8,"該当なし"）

＝XLOOKUP（B13,G4：G8,E4：E8,"該当なし"）

XLOOKUP関数を使うと、型番から商品名、商品名から型番のどちらも検索できる

STEP UP VLOOKUP関数

「VLOOKUP関数」を使うと、コードや番号をもとに参照用の表から該当するデータを検索し、表示できます。参照用の表のデータが縦方向に入力されている場合に使います。

●VLOOKUP関数

参照用の表から該当するデータを検索し、表示します。

＝VLOOKUP（**検索値, 範囲, 列番号, 検索方法**）
      ❶   ❷   ❸   ❹

❶検索値
検索対象のコードや番号を入力するセルを指定します。

❷範囲
参照用の表のセル範囲を指定します。
参照用の表の左端列にキーとなるコードや番号を入力しておく必要があります。

❸列番号
❷の範囲の何番目の列を参照するかを指定します。
左から「1」「2」…と数えて指定します。

❹検索方法
「FALSE」または「TRUE」を指定します。「TRUE」は省略できます。

FALSE	完全に一致するものを検索します。
TRUE	近似値を含めて検索します。

※「TRUE」の場合、❷の範囲は昇順に並べておく必要があります。

STEP UP HLOOKUP関数

「HLOOKUP関数」を使うと、コードや番号をもとに参照用の表から該当するデータを検索し、表示できます。参照用の表のデータが横方向に入力されている場合に使います。

●HLOOKUP関数

参照用の表から該当するデータを検索し、表示します。

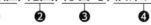

=HLOOKUP（**検索値, 範囲, 行番号, 検索方法**）
               ❶   ❷   ❸   ❹

---

❶検索値
検索対象のコードや番号を入力するセルを指定します。

❷範囲
参照用の表のセル範囲を指定します。
参照用の表の上端行にキーとなるコードや番号を入力しておく必要があります。

❸行番号
❷の範囲の何番目の行を参照するかを指定します。
上から「1」「2」…と数えて指定します。

❹検索方法
「FALSE」または「TRUE」を指定します。「TRUE」は省略できます。

FALSE	完全に一致するものを検索します。
TRUE	近似値を含めて検索します。

※「TRUE」の場合、❷の範囲は昇順に並べておく必要があります。

STEP UP LOOKUP関数

「LOOKUP関数」を使うと、コードや番号に該当するデータを参照用の表の任意の1行（1列）の検査範囲から検索し、対応する値を表示できます。

●LOOKUP関数

参照用の表から該当するデータを検索し、表示します。

=LOOKUP（**検査値, 検査範囲, 対応範囲**）
               ❶   ❷   ❸

---

❶検査値
検索対象のコードや番号を入力するセルを指定します。

❷検査範囲
参照用の表の検査するセル範囲を指定します。
セル範囲は昇順に並べておく必要があります。

❸対応範囲
参照用の表の対応するセル範囲を指定します。
検査範囲と隣接している必要はありませんが、同じセルの数のセル範囲にする必要があります。

例：

 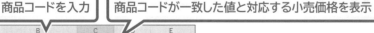

=LOOKUP（B2,E5:E9,C5:C9）

2 都道府県名と住所の連結

シート「**顧客一覧**」から顧客番号に該当する都道府県と住所を検索し、検索した文字列を結合してひとつのセルに表示しましょう。
CONCAT関数とXLOOKUP関数を使います。

1 CONCAT関数

「**CONCAT関数**」を使うと、引数で指定した複数の文字列を結合してひとつのセルに表示できます。

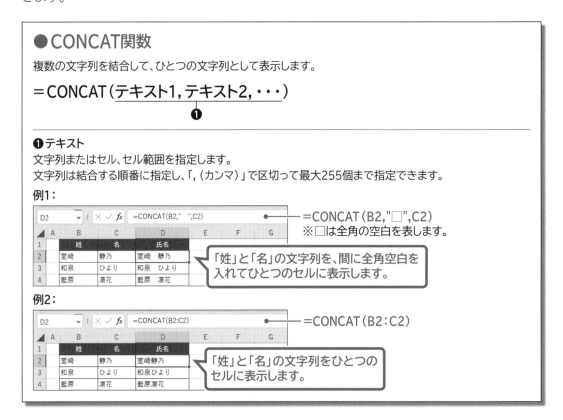

●CONCAT関数

複数の文字列を結合して、ひとつの文字列として表示します。

＝CONCAT（テキスト1, テキスト2, ・・・）
　　　　　　　　　❶

❶テキスト
文字列またはセル、セル範囲を指定します。
文字列は結合する順番に指定し、「, (カンマ)」で区切って最大255個まで指定できます。

例1：

＝CONCAT（B2,"□",C2）
※□は全角の空白を表します。

「姓」と「名」の文字列を、間に全角空白を入れてひとつのセルに表示します。

例2：

＝CONCAT（B2：C2）

「姓」と「名」の文字列をひとつのセルに表示します。

2 都道府県名と住所の文字列を連結して表示

CONCAT関数を使って、セル【E8】にXLOOKUP関数で検索した都道府県と住所の文字列を結合して表示する数式を入力しましょう。該当する顧客番号が見つからない場合は、何も表示されないようにします。
※引数には名前「顧客番号」「都道府県」「住所」を使います。

●セル【E8】の数式

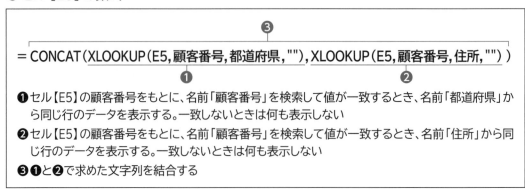

　　　　　　　　　　　　　　　　❸
＝CONCAT（XLOOKUP（E5,顧客番号,都道府県,""）,XLOOKUP（E5,顧客番号,住所,""））
　　　　　　　　　　　　❶　　　　　　　　　　　　　　　　　❷

❶セル【E5】の顧客番号をもとに、名前「顧客番号」を検索して値が一致するとき、名前「都道府県」から同じ行のデータを表示する。一致しないときは何も表示しない
❷セル【E5】の顧客番号をもとに、名前「顧客番号」を検索して値が一致するとき、名前「住所」から同じ行のデータを表示する。一致しないときは何も表示しない
❸❶と❷で求めた文字列を結合する

```
=CONCAT(XLOOKUP(E5,顧客番号,都道府県,""),XLOOKUP(E5,顧客番号,住所,""))
```

E8	∨	: × ✓ fx	=CONCAT(XLOOKUP(E5,顧客番号,都道府県,""),XLOOKUP(E5,顧客番号,住所,""))

▲	A	B	C	D	E	F	G	H
1					請 求 書			
2								
3								
4								
5		お客様番号			1002			
6		お客様名			株式会社クボクッキング			
7		ご住所			231-XXXX			
8					神奈川県横浜市中区X-X-X			
9								
10								
11		下記のとおりご請求申し上げます。						
12		なお、振込手数料はお客様にてご負担いただきますようお願い申し上げます。						
13								お支払期日

請求書 | 顧客一覧 | 配送料一覧 | 商品一覧 | ⊕

①セル【E8】に「=CONCAT(XLOOKUP
(E5,顧客番号,都道府県,""),XLOOKUP
(E5,顧客番号,住所,""))」と入力します。

都道府県と住所が結合されて表示されます。

STEP UP 名前を使った範囲の指定

名前「都道府県」と「住所」は、シート「顧客一覧」で隣の列に表示されています。このように、名前の範囲が連続している場合は「:（コロン）」でつないで指定できます。
セル【E8】を名前の範囲を使って求める数式は、次のとおりです。

● セル【E8】の数式

```
=CONCAT(XLOOKUP(E5,顧客番号,都道府県:住所,""))
```

STEP UP 文字列演算子

複数の文字列を結合する場合、CONCAT関数の代わりに、文字列演算子「&（アンパサンド）」を使うこともできます。
セル【E8】を「&」を使って求める数式は、次のとおりです。

● セル【E8】の数式

```
=XLOOKUP(E5,顧客番号,都道府県,"")&XLOOKUP(E5,顧客番号,住所,"")
```

STEP UP CONCATENATE関数

「CONCATENATE関数」を使っても、文字列を結合できます。

● CONCATENATE関数

複数の文字列を結合してひとつの文字列として表示します。

=CONCATENATE(文字列1,文字列2,・・・)
          ❶

❶文字列
文字列またはセルを指定します。
文字列は結合する順番に指定し、「,（カンマ）」で区切って最大255個まで指定できます。

3 敬称の表示

セル【E6】にXLOOKUP関数で検索した顧客名と「　御中」の文字列を結合して表示する数式を入力しましょう。該当する顧客番号がない場合は、「　御中」を結合せずに、「**未登録**」と表示します。

IFNA関数、XLOOKUP関数、CONCAT関数を使います。

1 IFNA関数

「**IFNA関数**」を使うと、XLOOKUP関数やVLOOKUP関数などで検索値が見つからない場合のエラー「**#N/A**」を回避できます。

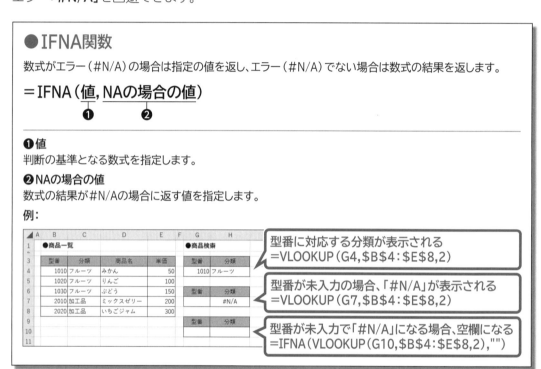

● IFNA関数

数式がエラー（#N/A）の場合は指定の値を返し、エラー（#N/A）でない場合は数式の結果を返します。

$$= IFNA（値, NAの場合の値）$$
　　　　　❶　　　　❷

❶ 値
判断の基準となる数式を指定します。

❷ NAの場合の値
数式の結果が#N/Aの場合に返す値を指定します。

例：

型番に対応する分類が表示される
=VLOOKUP（G4, $B$4:$E$8, 2）

型番が未入力の場合、「#N/A」が表示される
=VLOOKUP（G7, $B$4:$E$8, 2）

型番が未入力で「#N/A」になる場合、空欄になる
=IFNA（VLOOKUP（G10, $B$4:$E$8, 2）, ""）

2 御中の表示

セル【E6】にXLOOKUP関数で検索した顧客名と「　御中」の文字列を結合して表示する数式を入力しましょう。該当する検索値が見つからない場合の処理を指定していると、その結果と「　御中」が結合して表示されてしまいます。そのため、見つからない場合の処理を省略してエラー「**#N/A**」を返し、IFNA関数を使って「**未登録**」と表示されるようにします。

● セル【E6】の数式

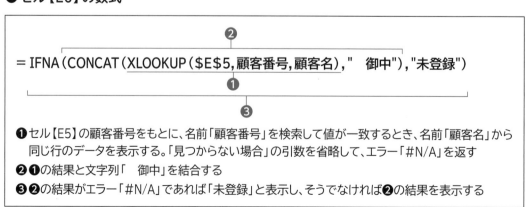

$$= IFNA（CONCAT（XLOOKUP（\$E\$5, 顧客番号, 顧客名）, "　御中"）, "未登録"）$$

❶ セル【E5】の顧客番号をもとに、名前「顧客番号」を検索して値が一致するとき、名前「顧客名」から同じ行のデータを表示する。「見つからない場合」の引数を省略して、エラー「#N/A」を返す

❷ ❶の結果と文字列「　御中」を結合する

❸ ❷の結果がエラー「#N/A」であれば「未登録」と表示し、そうでなければ❷の結果を表示する

=IFNA(CONCAT(XLOOKUP($E$5,顧客番号,顧客名)," 御中"),"未登録")

①セル【E6】を「=IFNA（CONCAT（XLOOKUP（$E$5,顧客番号,顧客名)，"□御中")，"未登録")」に修正します。

※□は全角の空白を表します。

顧客名と「　御中」が結合されて表示されます。

※セル【E5】の顧客番号を削除すると、「未登録」と表示されることを確認しておきましょう。確認後、セル【E5】に「1002」と入力しておきましょう。

Let's Try

ためしてみよう

セル【E7】の数式を、文字列「〒」と郵便番号を結合して表示するように編集しましょう。該当する顧客番号がない場合は、「〒」を結合せずに、何も表示されないようにします。

Let's Try Answer

①セル【E7】の数式を「=IFNA（CONCAT（"〒",XLOOKUP（$E$5,顧客番号,郵便番号)），"")」に修正

セルに数式を入力すると、計算結果の代わりに「#VALUE!」や「#NAME?」などの「エラー値」が表示される場合があります。セルに表示されたエラー値の意味から、エラーの原因を探ることができます。
エラー値の意味と対処方法には、次のようなものがあります。

エラー値	意味	対処方法
#N/A	必要な値が入力されていない。	XLOOKUP関数やVLOOKUP関数などの引数「検索値」に指定している値が、適切な値であるかを確認する。
#DIV/0!	0または空白を除数にしている。	参照するセルを変更するか、除数として使われているセルに0以外の値を入力する。
#NAME?	認識できない関数名や名前が使用されている。	数式で使用している関数名や名前が正しいかどうかを確認する。 または、引数に指定した文字列が「"（ダブルクォーテーション）」で囲まれているかを確認する。
#VALUE!	引数が不適切である。	引数が正しいか、数式で参照するセルの値が適切かを確認する。
#REF!	セル参照が無効である。	数式中のセル参照が正しく行われているか、参照先のセルを削除していないかなどを確認する。
#NUM!	引数が不適切であるか、計算結果が処理できない値である。	関数に正しい引数を指定しているかを確認する。
#NULL!	セル範囲を指定する参照演算子（「：（コロン）」や「,（カンマ）」など）が不適切であるか、指定したセル範囲が存在しない。	隣接する範囲を指定するための「：（コロン）」や、離れた範囲を指定するための「,（カンマ）」といった参照演算子を正しく使っているか（半角スペースなどが使われていないか）、または参照するセル範囲が正しいかを確認する。
#####	セルの幅が狭く、数値が表示しきれない。	列幅を広げる。
	日付や時刻の表示形式が設定されたセルに負の値が入力されている。	セルに設定されている書式を日付や時刻以外に変更する。
#CALC!	使用しているExcelでサポートされていない処理が発生している。	FILTER関数など配列を返す関数を使った数式の場合は、空のデータを返すときの引数を指定しているかを確認する。
#スピル!	数式が返す複数の結果を返せない。	スピル範囲にあたるセルが空白でなかったり、セル結合がされていたりしていないかを確認する。 または、結果がワークシートの最終セルを超える数式になっていないかを確認する。

※お使いの環境によっては、「#スピル!」は「#SPILL!」と表示される場合があります。

商品情報の参照

XLOOKUP関数を使って、D列の型番をもとに、E〜G列に商品名、仕様、単価を表示する数式を入力しましょう。単価には、会員価格を表示します。

※引数には名前「型番」「商品名」「仕様」「会員価格」を使います。
※仕様と単価を表示する数式は、商品名を表示する数式をコピーして編集します。

●セル【E19】の数式

= XLOOKUP ($D19, 型番, 商品名, "")
　　　　　　　　　❶

❶ セル【D19】の型番をもとに、名前「型番」を検索して値が一致するとき、名前「商品名」から同じ行のデータを表示する。一致しないときは何も表示しない

=XLOOKUP($D19,型番,商品名,"")

① セル【E19】に「=XLOOKUP($D19, 型番, 商品名, "")」と入力します。

※数式をコピーするため、セル【D19】は列を常に固定するように複合参照にしておきます。

商品名の数式を仕様と単価にコピーします。

② セル【E19】を選択し、セル右下の■(フィルハンドル)をセル【G19】までドラッグします。

数式がコピーされ、（オートフィルオプション）が表示されます。

③ （オートフィルオプション）をクリックします。

※ をポイントすると、 になります。

④《書式なしコピー（フィル）》をクリックします。

※コピー先のG列の単価には、桁区切りスタイルの表示形式が設定されているため、書式以外をコピーします。

=XLOOKUP($D19,型番,仕様,"")

⑤セル【F19】の数式を「=XLOOKUP
（$D19,型番,仕様,""）」に修正します。

※引数の「商品名」を「仕様」に修正します。

仕様が表示されます。

=XLOOKUP($D19,型番,会員価格,"")

⑥セル【G19】の数式を「=XLOOKUP
（$D19,型番,会員価格,""）」に修正し
ます。

※引数の「商品名」を「会員価格」に修正します。

単価が表示されます。

※セル【G19】には、桁区切りスタイルの表示形式
が設定されています。

⑦セル範囲【E19:G19】を選択し、セル
範囲右下の■（フィルハンドル）をダブ
ルクリックします。

数式がコピーされます。

POINT フィルハンドルの
ダブルクリック

■（フィルハンドル）をダブルクリックすると、
表内のデータの最終行を自動的に認識し、
データが入力されます。

スピルを使うと…

●セル【E19】の数式

= XLOOKUP（$D19:$D33,型番,商品名,""）

※数式をコピーするため、セル範囲【D19:D33】は列を常に固定するように複合参照にしておきます。

●セル【F19】の数式

= XLOOKUP（$D19:$D33,型番,仕様,""）

●セル【G19】の数式

= XLOOKUP（$D19:$D33,型番,会員価格,""）

XMATCH関数

「XMATCH関数」を使うと、検索値が検索範囲の何番目にあるかを調べることができます。
検索範囲の先頭のセルを「1」として、検索値の相対位置がわかります。

●XMATCH関数

参照するセル範囲から該当するデータを検索し、セルの相対位置を表示します。

＝XMATCH（検索値, 検索範囲, 一致モード, 検索モード）
           ❶   ❷   ❸   ❹

❶検索値
検索する値またはセルを指定します。
※全角と半角、アルファベットの大文字と小文字は区別されません。

❷検索範囲
検索値を検索するセル範囲を指定します。

❸一致モード
検索値を一致と判断する基準を指定します。

0	完全に一致するものを検索します。等しい値が見つからない場合、エラー「#N/A」を返します。
-1	完全に一致するものを検索します。等しい値が見つからない場合、次に小さいデータを返します。
1	完全に一致するものを検索します。等しい値が見つからない場合、次に大きいデータを返します。
2	ワイルドカード文字を使って検索します。

※省略できます。省略すると、「0」を指定したことになります。

❹検索モード
検索範囲を検索する方向を指定します。

1	検索範囲の先頭から末尾へ検索します。
-1	検索範囲の末尾から先頭へ検索します。
2	昇順で並べ替えられた検索範囲を使用して検索します。大量のデータを高速に検索する必要がある場合に使います。並べ替えられていない場合、無効になります。
-2	降順で並べ替えられた検索範囲を使用して検索します。大量のデータを高速に検索する必要がある場合に使います。並べ替えられていない場合、無効になります。

※省略できます。省略すると、「1」を指定したことになります。

例：

> セル範囲【F4:F8】で、セル【B4】と一致するセルが上から何番目かを表示する

	A	B	C	D	E	F	G	H
1		●商品検索				●商品一覧		
2								
3		商品名	位置			型番	商品名	単価
4		りんご	2			1010	みかん	50
5						1020	りんご	100
6						1030	ぶどう	150
7						2010	ミックスゼリー	200
8						2020	いちごジャム	300
9								

＝XMATCH（B4,F4:F8）

1 金額の算出

I列の金額を求める数式を入力しましょう。金額は「**単価×数量**」で求められます。また、IF関数を使って、D列の型番が入力されていないときは、何も表示されないようにします。

●セル【I19】の数式

❷
= IF(D19="","",G19*H19)
❶

❶セル【G19】の単価とセル【H19】の数量をかける
❷セル【D19】の型番が空データであれば何も表示せず、そうでなければ❶の結果を表示する

=IF(D19="","",G19*H19)

①セル【I19】に「=IF(D19="","",G19*H19)」と入力します。

金額が表示されます。

※セル【I19】には、桁区切りスタイルの表示形式が設定されています。

②セル【I19】を選択し、セル右下の■（フィルハンドル）をセル【I33】までドラッグします。

数式がコピーされます。

数量を入力します。

③セル【H21】に「2」と入力します。

セル【I21】に金額が表示されます。

スピルを使うと…

●セル【I19】の数式

= IF(D19:D33="","",G19:G33*H19:H33)

※セル範囲【G19:G33】にスピルを使った数式が入力されている場合、セル範囲をドラッグで指定すると「G19#」と表示されます。セル【G19】を先頭とするスピル範囲全体を参照することを表します。

2 本体合計金額と割引後金額の算出

本体合計金額と割引後金額を求めましょう。
SUM関数を使います。

1 SUM関数

「SUM関数」を使うと、合計が求められます。
Σ（合計）を使うと、自動的にSUM関数が入力され、簡単に合計を求めることができます。

● SUM関数

引数に含まれる数値を合計します。

$$= SUM（\underline{数値1, 数値2, \cdots}）$$

❶

---

❶ 数値
合計する対象のセル、セル範囲、数値などを指定します。最大255個まで指定できます。
例：
=SUM(A1:A10)
=SUM(A5,A10,A15)
=SUM(A1:A10,A22)

POINT 参照演算子

セル範囲を指定するときに使う「参照演算子」には、隣接する範囲を指定するための「:（コロン）」や、複数の範囲を指定するための「,（カンマ）」があります。

2 本体合計金額の算出

Σ（合計）を使って、セル【I34】に本体合計金額を求める数式を入力しましょう。

① セル【I34】をクリックします。

② 《ホーム》タブを選択します。

③ 《編集》グループの Σ（合計）をクリックします。

④ 数式が「=SUM(I19:I33)」になっていることを確認します。

※ 数式が「=SUM( )」になっている場合は、セル範囲【I19:I33】を選択します。

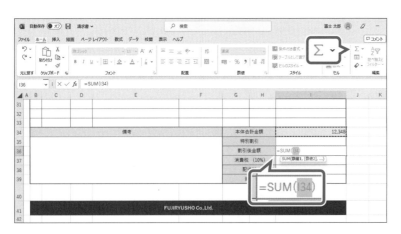

⑤ Enter を押します。

※ Σ (合計)を再度クリックして確定することもできます。

本体合計金額が表示されます。

※セル【I34】には、桁区切りスタイルの表示形式が設定されています。

③ 割引後金額の算出

Σ (合計)を使って、セル【I36】に割引後金額を求める数式を入力しましょう。

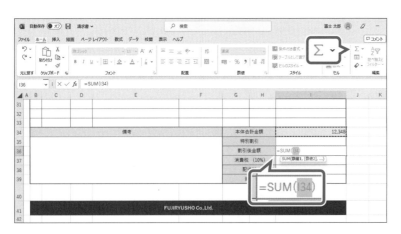

① セル【I36】をクリックします。

②《ホーム》タブを選択します。

③《編集》グループの Σ (合計)をクリックします。

④ 数式が「=SUM(I34)」になっていることを確認します。

⑤ セル範囲【I34:I35】を選択します。

⑥ 数式が「=SUM(I34:I35)」になっていることを確認します。

⑦ Enter を押します。

※ Σ (合計)を再度クリックして確定することもできます。

割引後金額が表示されます。

※セル【I36】には、桁区切りスタイルの表示形式が設定されています。

特別割引を入力します。

⑧セル【I35】に「-440」と入力します。

※セル【I35】には、桁区切りスタイルの表示形式が設定されています。マイナスの数値を入力すると赤字で表示されます。

割引後金額が変更されます。

---

3 消費税の算出

消費税を求め、小数点以下の端数を切り捨てます。
INT関数を使います。

1 INT関数

「INT関数」を使うと、小数点以下を切り捨てた整数を求めることができます。

> ●INT関数
>
> 数値の小数点以下を切り捨てて整数にします。
>
> $$= \text{INT}(\underbrace{数値}_{❶})$$
>
> ❶数値
> 小数点以下を切り捨てる数値、数式、セルを指定します。

2 消費税の算出

セル【I37】に消費税を求める数式を入力しましょう。消費税は「**割引後金額×消費税率**」で求められます。また、INT関数を使って、小数点以下を切り捨てましょう。

※消費税率はセル【H37】を使います。セル【H37】には「"("0%")"」の表示形式が設定されています。

①セル【I37】に「=INT(I36*H37)」と入力します。

消費税が表示されます。

4　配送料の表示

XLOOKUP関数を使って、セル【E5】の顧客番号をもとに、セル【I38】に顧客番号に該当する配送料を表示する数式を入力しましょう。本体合計金額が10,000円以上の場合は配送料は無料とし、「0」が表示されるようにします。
※引数には名前「顧客番号」「配送料」を使います。

●セル【I38】の数式

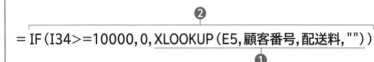

❷
$$= IF(I34>=10000, 0, \underline{XLOOKUP(E5, 顧客番号, 配送料, "")})$$
❶

❶セル【E5】の顧客番号をもとに、名前「顧客番号」を検索して値が一致するとき、名前「配送料」から同じ行のデータを表示する。一致しないときは何も表示しない

❷セル【I34】の本体合計金額が10000以上であれば「0」を表示し、そうでなければ❶の結果を表示する

`=IF(I34>=10000,0,XLOOKUP(E5,顧客番号,配送料,""))`

①セル【I38】に「=IF(I34>=10000,0,XLOOKUP(E5,顧客番号,配送料,""))」と入力します。
配送料が表示されます。

本体合計金額を10,000円未満に変更して配送料が変更されることを確認します。
②セル【H21】を「1」に修正します。
セル【I38】の配送料が変更されます。
※セル【H21】を「2」に戻しておきましょう。

Let's Try ためしてみよう

①セル【B35】の備考に、本体合計金額に応じて、次のように表示する数式を入力しましょう。

・10,000円以上の場合は「一万円以上お買い上げの場合は、配送料は弊社が負担いたします。」を表示
・10,000円未満の場合は何も表示しない

②セル【H21】の「数量」を「1」に修正して、セル【B35】に文字列が表示されなくなることを確認しましょう。
※セル【H21】を「2」に戻しておきましょう。

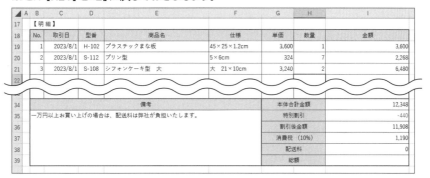

Let's Try Answer

①

①セル【B35】に「=IF(I34>=10000,"一万円以上お買い上げの場合は、配送料は弊社が負担いたします。","")」と入力

②

①セル【H21】に「1」と入力
②セル【B35】の文字列が表示されていないことを確認

5 総額の算出

Σ（合計）を使って、セル【I39】に総額を求める数式を入力しましょう。

①セル【I39】をクリックします。

②《ホーム》タブを選択します。

③《編集》グループのΣ（合計）をクリックします。

④数式が「=SUM(I37:I38)」になっていることを確認します。

⑤セル範囲【I36:I38】を選択します。

⑥数式が「=SUM(I36:I38)」になっていることを確認します。

⑦Enterを押します。

※Σ（合計）を再度クリックして確定することもできます。

総額が表示されます。

※セル【I39】には、桁区切りスタイルの表示形式が設定されています。

STEP 8 請求金額と支払期日を表示する

1 請求金額の表示

セル【I39】の総額を請求金額としてセル【B14】に表示しましょう。なお、請求金額は「**ご請求金額（税込）　金○,○○○円也**」と全角の文字列で表示します。
TEXT関数とJIS関数を使います。

1 TEXT関数

「**TEXT関数**」を使うと、数値に表示形式の書式を設定し、文字列に変換します。

●TEXT関数

数値を書式設定した文字列に変換します。

$$= TEXT (値, 表示形式)$$
　　　　　❶　　❷

❶値
文字列に変換する数値やセルを指定します。
❷表示形式
表示形式を指定します。
例：
日付を曜日に変換します。

	A	B	C	D	E	F
		C2	=TEXT(B2,"aaa")			
1		日付	曜日			
2		2023/8/1	火			
3		2023/8/2	水			
4						

※「aaa」は日付を「日、月、火…」の曜日形式に変換する表示形式です。

---

2 表示形式の設定

TEXT関数を使って、セル【B14】にセル【I39】の数値を「**ご請求金額（税込）　金○,○○○円也**」と表示する数式を入力しましょう。

①セル【B14】に「=TEXT（I39,"ご請求金額（税込）□金#,##0円也"）」と入力します。

※□は全角の空白を表します。
※「#,##0」は半角で入力します。

請求金額が表示されます。

POINT TEXT関数の結果

TEXT関数を使うと、文字列に変換されるため、その結果を計算に使うことはできません。

3 JIS関数

「JIS関数」を使うと、半角の文字列を全角の文字列に変換します。

●JIS関数

半角の文字列を全角の文字列に変換します。

$$=JIS(\underset{①}{\textbf{文字列}})$$

---

①文字列
全角にする文字列またはセルを指定します。
例:
セル【A1】に半角で「EXCEL」と入力されている場合
=JIS(A1)→ＥＸＣＥＬ

---

4 全角文字列への変換

JIS関数を使って、セル【B14】を全角で表示する数式に編集しましょう。

●セル【B14】の数式

$$= JIS\overbrace{(\underbrace{TEXT(I39,"ご請求金額(税込)\quad 金\#,\#\#0円也")}_{①})}^{②}$$

①セル【I39】の数値を「ご請求金額(税込)　金#,##0円也」という表示形式にし、文字列に変換する
②①の文字列を全角で表示する

①セル【B14】の数式を「=JIS(TEXT (I39,"ご請求金額(税込)□金#,＃#0 円也"))」に修正します。

※□は全角の空白を表します。

請求金額が全角で表示されます。

2 支払期日の入力

セル【I13】に、セル【I3】の請求書発行日から14日後の日付を表示する数式を入力しましょう。
14日後の日付は「**請求書発行日+14**」で求めます。

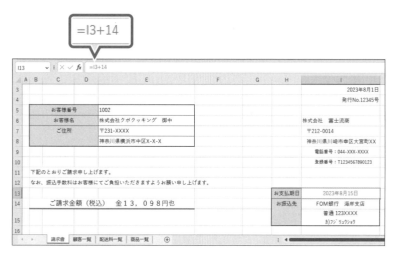

=I3+14

① セル【I13】に「**=I3+14**」と入力します。

14日後の日付が表示されます。

※数式で参照しているセル【I3】と同じ日付の表示形式が設定されます。

※ブックに任意の名前を付けて保存し、閉じておきましょう。

STEP UP テンプレートとして保存

「テンプレート」とはブックのひな形のことです。ブックに数式や書式を設定しておき、一部のデータを入力するだけで繰り返し利用できるようにしたものです。頻繁に利用する定型の表は、テンプレートとして保存しておくと便利です。

テンプレートとして保存する方法は、次のとおりです。

◆《ファイル》タブ→《エクスポート》→《ファイルの種類の変更》→《ブックファイルの種類》の《テンプレート》→《名前を付けて保存》→《ドキュメント》→《Officeのカスタムテンプレート》→《開く》→《ファイル名》を入力→《保存》

また、保存したテンプレートから新しいブックを作成する方法は、次のとおりです。

◆《ファイル》タブ→《新規》→《個人用》→利用するテンプレートを選択

第3章

売上データの集計

STEP 1 事例と処理の流れを確認する

1 事例

具体的な事例をもとに、どのように売上データを集計するのかを確認しましょう。

●事例

バッグを販売する小売業者で、POSシステムに蓄積されている売上データを効率的に集計して、集計結果を分析したいと考えています。

店舗別に集計して売上成績が良い店舗や悪い店舗を明らかにしたり、商品別に集計して売れている商品や売れていない商品を見極めたりして、今後の商品の仕入れや販売計画に役立てることを検討しています。

POINT　POSシステム

「Point Of Sales system」の略で、日本語では「販売時点情報管理システム」といいます。
店舗のレジ（POSレジスター）で、商品の販売と同時に商品名、数量、金額などの商品の情報をバーコードリーダーなどの読み取り装置で収集し、情報を分析して在庫管理や販売動向の把握に役立てるシステムです。

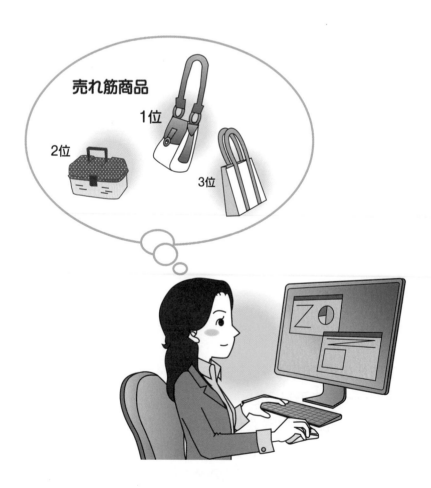

2 処理の流れ

POSシステムから必要な売上データをテキスト形式やCSV形式のテキストファイルで抽出し、用意します。テキストファイルは、Excelにそのまま取り込むことができます。
Excelにテキストファイルを取り込み、取り込んだ売上データを、関数を使って集計します。

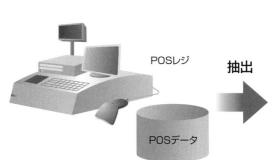

POSレジ

抽出

POSデータ

```
uriage - メモ帳                                                    □  ×
ファイル  編集  表示                                                      ⚙
売上日    店舗 商品型番    仕入単価  販売単価  売上数量  売上金額  売上原価  粗利
2023/4/1  GZ  S01-P-WHT 6,500   13,500    1    13,500   6,500    7,000
2023/4/1  RP  S01-S-WHT 16,890  30,400    2    60,800   33,780   27,020
2023/4/2  AY  D05-S-NVY 12,100  25,000    2    50,000   24,200   25,800
2023/4/2  GZ  S01-H-BEG 7,560   16,800    2    33,600   15,120   18,480
2023/4/2  DB  S01-H-BRN 8,010   16,800    3    50,400   24,030   26,370
2023/4/2  GZ  S01-P-BEG 5,670   13,500    1    13,500   5,670    7,830
2023/4/2  AY  S01-P-RED 6,340   13,500    2    27,000   12,680   14,320
2023/4/2  RP  S01-T-BLK 20,000  43,200    3    129,600  60,000   69,600
2023/4/3  RP  D05-S-NVY 11,980  25,000    2    50,000   23,960   26,040
2023/4/3  YK  D05-S-NVY 12,500  25,000    3    75,000   37,500   37,500
2023/4/4  KK  S01-H-BLK 7,810   16,800    2    33,600   15,620   17,980
2023/4/5  GZ  S01-P-BLK 6,340   13,500    3    40,500   19,020   21,480
2023/4/5  RP  S01-T-BLK 20,000  43,200    3    129,600  60,000   69,600
2023/4/5  RP  D05-S-NVY 12,380  25,000    3    75,000   37,140   37,860
2023/4/6  KK  S01-P-RED 6,400   13,500    1    13,500   6,400    7,100
2023/4/6  DB  S01-T-BLK 20,000  43,200    3    129,600  60,000   69,600
2023/4/7  DB  S01-S-RED 17,020  30,400    2    60,800   34,040   26,760
2023/4/7  RP  S01-T-BLK 20,500  43,200    2    86,400   41,000   45,400
2023/4/8  GZ  D05-C-BLU 14,060  38,000    3    114,000  42,180   71,820
2023/4/8  GZ  D05-H-NVY 6,720   16,800    1    16,800   6,720    10,080
2023/4/8  AY  D05-S-NVY 12,600  25,000    3    75,000   37,800   37,200
2023/4/8  GZ  D05-S-NVY 12,400  25,000    3    75,000   37,200   37,800
2023/4/9  AY  D05-H-BLU 6,720   16,800    1    16,800   6,720    10,080
2023/4/9  DB  D05-S-BLU 12,250  25,000    3    75,000   36,750   38,250
2023/4/9  YK  P02-P-ANM 6,750   13,500    2    27,000   13,500   13,500
2023/4/9  KK  P02-S-ANM 6,810   17,500    3    52,500   20,430   32,070
2023/4/9  DB  S02-H-SLV 10,080  16,800    2    33,600   20,160   13,440
2023/4/9  GZ  S02-P-SLV 8,525   15,500    2    31,000   17,050   13,950
2023/4/9  RP  S02-S-SLV 12,500  25,500    1    25,500   12,500   13,000
2023/4/9  RP  S02-T-SLV 21,500  43,200    3    129,600  64,500   65,100
2023/4/10 AY  P01-P-FLR 5,500   11,000    2    58,000   11,000   45,000
行 33, 列 45                                120%   Windows (CRLF)    ANSI
```

 Excelで集計

商品別売上集計表

商品型番	商品名	売上数量	売上金額	売上原価	粗利	粗利率	順位
D05-C-BLU	デニムカジュアル・キャリーカートバッグ・ブルー	30	¥1,140,000	¥422,860	¥717,140	63%	20
D05-C-NVY	デニムカジュアル・キャリーカートバッグ・ネイビー	54	¥2,052,000	¥760,420	¥1,291,580	63%	2
D05-H-BLU	デニムカジュアル・ハンドバッグ・ブルー	36	¥604,800	¥237,520	¥367,280	61%	10
D05-H-NVY	デニムカジュアル・ハンドバッグ・ネイビー	29	¥487,200	¥189,140	¥298,060	61%	23
D05-S-BLU	デニムカジュアル・ショルダーバッグ・ブルー	51	¥1,275,000	¥629,230	¥645,770	51%	3
D05-S-NVY	デニムカジュアル・ショルダーバッグ・ネイビー	44	¥1,100,000	¥544,230	¥555,770	51%	6
P01-P-FLR	プリティフラワー・パース・フラワー	49	¥725,000	¥285,500	¥439,500	61%	4
P01-S-FLR	プリティフラワー・ショルダーバッグ・フラワー	37	¥647,500	¥269,500	¥378,000	58%	9
P02-P-ANM	プリティアニマル・パース・アニマル	25	¥337,500	¥174,540	¥162,960	48%	33
P02-S-ANM	プリティアニマル・ショルダーバッグ・アニマル	32	¥560,000	¥221,150	¥338,850	61%	17
S01-H-BEG	スタイリシュレザー・ハンドバッグ・ベージュ	34	¥571,200	¥263,840	¥307,360	54%	12
S01-H-BLK	スタイリシュレザー・ハンドバッグ・ブラック	28	¥470,400	¥217,030	¥253,370	54%	28
S01-H-BRN	スタイリシュレザー・ハンドバッグ・ブラウン	35	¥588,000	¥271,210	¥316,790	54%	11
S01-H-RED	スタイリシュレザー・ハンドバッグ・レッド						
S01-H-WHT	スタイリシュレザー・ハンドバッグ・ホワイト						
S01-P-BEG	スタイリシュレザー・パース・ベージュ						
S01-P-BLK	スタイリシュレザー・パース・ブラック						
S01-P-BRN	スタイリシュレザー・パース・ブラウン						
S01-P-RED	スタイリシュレザー・パース・レッド						
S01-P-WHT	スタイリシュレザー・パース・ホワイト						
S01-S-BEG	スタイリシュレザー・ショルダーバッグ・ベージュ						
S01-S-BLK	スタイリシュレザー・ショルダーバッグ・ブラック						
S01-S-BRN	スタイリシュレザー・ショルダーバッグ・ブラウン						
S01-S-RED	スタイリシュレザー・ショルダーバッグ・レッド	42					
S01-S-WHT	スタイリシュレザー・ショルダーバッグ・ホワイト	33					
S01-T-BEG	スタイリシュレザー・トラベルボストンバッグ・ベージュ	29					
S01-T-BLK	スタイリシュレザー・トラベルボストンバッグ・ブラック	34					
S01-T-BRN	スタイリシュレザー・トラベルボストンバッグ・ブラウン	26					
S01-T-RED	スタイリシュレザー・トラベルボストンバッグ・レッド	29					
S02-H-SLV	スタイリシュレザークール・ハンドバッグ・シルバー	32					
S02-P-SLV	スタイリシュレザークール・パース・シルバー	30					
S02-S-SLV	スタイリシュレザークール・ショルダーバッグ・シルバー	31					
S02-T-SLV	スタイリシュレザークール・トラベルボストンバッグ・シルバー	30					

売上データ　商品別　店舗別　商品カテゴリー別　カラー別　シリーズ別　商品カテゴリー・カラー別

商品カテゴリー別売上集計表

商品カテゴリー	商品カテゴリー名	売上数量	売上金額	売上原価	粗利
C	キャリーカートバッグ	84	¥3,192,000	¥1,183,280	¥2,008,720
T	トラベルボストンバッグ	148	¥6,393,600	¥2,988,000	¥3,405,600
S	ショルダーバッグ	399	¥10,574,600	¥5,103,624	¥5,470,976
H	ハンドバッグ	255	¥4,284,000	¥1,969,100	¥2,314,900
P	パース	282	¥3,930,500	¥1,862,750	¥2,067,750

商品カテゴリー・カラー別売上集計表

カラー		キャリーカートバッグ	トラベルボストンバッグ	ショルダーバッグ	ハンドバッグ	パース	合計
WHT	ホワイト	¥0	¥0	¥1,003,200	¥554,400	¥459,000	¥2,016,600
BEG	ベージュ	¥0	¥1,252,800	¥881,600	¥571,200	¥391,500	¥3,097,100
BRN	ブラウン	¥0	¥1,123,200	¥820,800	¥588,000	¥351,000	¥2,883,000
BLK	ブラック	¥0	¥1,468,800	¥2,219,200	¥470,400	¥634,500	¥4,792,900
RED	レッド	¥0	¥1,252,800	¥1,276,800	¥470,400	¥567,000	¥3,567,000
NVY	ネイビー	¥2,052,000	¥0	¥1,100,000	¥487,200	¥0	¥3,639,200
BLU	ブルー	¥1,140,000	¥0	¥1,275,000	¥604,800	¥0	¥3,019,800
SLV	シルバー	¥0	¥1,296,000	¥790,500	¥537,600	¥465,000	¥3,089,100
ANM	アニマル	¥0	¥0	¥560,000	¥0	¥337,500	¥897,500
FLR	フラワー	¥0	¥0	¥725,000	¥0	¥647,500	¥1,372,500
	合計	¥3,192,000	¥6,393,600	¥10,574,600	¥4,284,000	¥3,930,500	¥28,374,700

売上データ　商品別　店舗別　商品カテゴリー別　カラー別　シリーズ別　商品カテゴリー・カラー別　店舗・月別

POINT テキストファイル

テキストファイルは、文字だけで構成されたファイルです。文字列をタブで区切ったテキスト形式や「,（カンマ）」で区切ったCSV形式などがあります。

1 売上データの確認

Excelに取り込むPOSシステムの売上データを確認しましょう。
売上明細が1件1行に配置され、項目ごとにタブで区切られたテキストファイルです。

●テキストファイル「uriage」

❶売上日	❷店舗	❸商品型番	❹仕入単価	❺販売単価	❻売上数量	❼売上金額	❽売上原価	❾粗利
2023/4/1	GZ	S01-P-WHT	6,500	13,500	1	13,500	6,500	7,000
2023/4/1	RP	S01-S-WHT	16,890	30,400	2	60,800	33,780	27,020
2023/4/2	AY	D05-S-NVY	12,100	25,000	2	50,000	24,200	25,800
2023/4/2	GZ	S01-H-BEG	7,560	16,800	2	33,600	15,120	18,480
2023/4/2	DB	S01-H-BRN	8,010	16,800	3	50,400	24,030	26,370
2023/4/2	GZ	S01-P-BEG	5,670	13,500	1	13,500	5,670	7,830
2023/4/2	AY	S01-P-RED	6,340	13,500	2	27,000	12,680	14,320
2023/4/2	RP	S01-T-BLK	20,000	43,200	3	129,600	60,000	69,600
2023/4/3	RP	D05-S-NVY	11,980	25,000	2	50,000	23,960	26,040
2023/4/3	YK	D05-S-NVY	12,500	25,000	3	75,000	37,500	37,500
2023/4/4	KK	S01-H-BLK	7,810	16,800	2	33,600	15,620	17,980
2023/4/5	GZ	S01-P-BLK	6,340	13,500	3	40,500	19,020	21,480
2023/4/5	RP	S01-T-BLK	20,000	43,200	3	129,600	60,000	69,600
2023/4/6	RP	D05-S-NVY	12,380	25,000	3	75,000	37,140	37,860
2023/4/6	KK	S01-P-RED	6,400	13,500	1	13,500	6,400	7,100
2023/4/6	DB	S01-T-BLK	20,000	43,200	3	129,600	60,000	69,600
2023/4/7	DB	S01-S-RED	17,020	30,400	2	60,800	34,040	26,760
2023/4/7	RP	S01-T-BLK	20,500	43,200	2	86,400	41,000	45,400
2023/4/8	GZ	D05-C-BLU	14,060	38,000	3	114,000	42,180	71,820

❶売上日
売上を計上した日付を表しています。

❷店舗
売上を計上した店舗を表しています。

❸商品型番
販売した商品の型番を表しています。
商品型番からどの商品が売れたかがわかります。

❹仕入単価
商品1点あたりの仕入価格を表しています。
仕入時期や仕入個数によって、仕入単価が変動することがあるので、同じ型番の商品であっても仕入単価が異なることがあります。

❺販売単価
商品1点あたりの販売価格を表しています。
原価に一定の利益を上乗せして販売単価を設定していますが、商品を値引きして販売することがあるので、同じ型番の商品であっても販売単価が異なることがあります。

❻売上数量
商品を販売した数量を表しています。

❼売上金額
商品を販売して得られた代金の総額を表しています。
ここでは、「**販売単価×売上数量**」が売上金額になります。
※売上金額は、「売上高」ともいいます。

❽売上原価
売上金額に対する原価を表しています。
ここでは、「**仕入単価×売上数量**」が売上原価になります。

❾粗利
売上金額から売上原価を引いた金額を表しています。
※粗利は、「粗利益」「売上総利益」ともいいます。

2 作成する売上集計表の確認

Excelに取り込んだ売上データをもとに、次のような売上集計表を作成しましょう。

●商品別売上集計表（シート「商品別」）
型番ごと、つまり、商品ごとに売上数量、売上金額、売上原価、粗利を集計します。
売上数量を基準に順位を求めて、売れ筋商品を把握します。
商品ごとに粗利率を算出し、どの商品の粗利率が高いかを分析します。

━━ 商品型番ごとに、売上数量を合計する
　　━━ 商品型番ごとに、売上金額を合計する
　　　　━━ 商品型番ごとに、売上原価を合計する

	A	B	C	D	E	F	G	H	I
1		商品別売上集計表							
2		商品型番	商品名	売上数量	売上金額	売上原価	粗利	粗利率	順位
3		D05-C-BLU	デニムカジュアル・キャリーカートバッグ・ブルー	30	¥1,140,000	¥422,860	¥717,140	63%	20
4		D05-C-NVY	デニムカジュアル・キャリーカートバッグ・ネイビー	54	¥2,052,000	¥760,420	¥1,291,580	63%	2
5		D05-H-BLU	デニムカジュアル・ハンドバッグ・ブルー	36	¥604,800	¥237,520	¥367,280	61%	10
6		D05-H-NVY	デニムカジュアル・ハンドバッグ・ネイビー	29	¥487,200	¥189,140	¥298,060	61%	23
7		D05-S-BLU	デニムカジュアル・ショルダーバッグ・ブルー	51	¥1,275,000	¥629,230	¥645,770	51%	3
8		D05-S-NVY	デニムカジュアル・ショルダーバッグ・ネイビー	44	¥1,100,000	¥544,230	¥555,770	51%	6
9		P01-P-FLR	プリティフラワー・パース・フラワー	49	¥725,000	¥285,500	¥439,500	61%	4
10		P01-S-FLR	プリティフラワー・ショルダーバッグ・フラワー	37	¥647,500	¥269,500	¥378,000	58%	9
11		P02-P-ANM	プリティアニマル・パース・アニマル	25	¥337,500	¥174,540	¥162,960	48%	33
12		P02-S-ANM	プリティアニマル・ショルダーバッグ・アニマル	32	¥560,000	¥221,150	¥338,850	61%	17
13		S01-H-BEG	スタイリシュレザー・ハンドバッグ・ベージュ	34	¥571,200	¥263,840	¥307,360	54%	12
14		S01-H-BLK	スタイリシュレザー・ハンドバッグ・ブラック	28	¥470,400	¥217,030	¥253,370	54%	28
15		S01-H-BRN	スタイリシュレザー・ハンドバッグ・ブラウン	35	¥588,000	¥271,210	¥316,790	54%	11
16		S01-H-RED	スタイリシュレザー・ハンドバッグ・レッド	28	¥470,400	¥216,540	¥253,860	54%	28
17		S01-H-WHT	スタイリシュレザー・ハンドバッグ・ホワイト	33	¥554,400	¥257,440	¥296,960	54%	15
18		S01-P-BEG	スタイリシュレザー・パース・ベージュ	29	¥391,500	¥182,100	¥209,400	53%	23
19		S01-P-BLK	スタイリシュレザー・パース・ブラック	47	¥634,500	¥299,130	¥335,370	53%	5
20		S01-P-BRN	スタイリシュレザー・パース・ブラウン	26	¥351,000	¥164,970	¥186,030	53%	31
21		S01-P-RED	スタイリシュレザー・パース・レッド	42	¥567,000	¥268,800	¥298,200	53%	7
22		S01-P-WHT	スタイリシュレザー・パース・ホワイト	34	¥459,000	¥217,130	¥241,870	53%	12
23		S01-S-BEG	スタイリシュレザー・ショルダーバッグ・ベージュ	29	¥881,600	¥494,944	¥386,656	44%	23
24		S01-S-BLK	スタイリシュレザー・ショルダーバッグ・ブラック	73	¥2,219,200	¥803,500	¥1,415,700	64%	1
25		S01-S-BRN	スタイリシュレザー・ショルダーバッグ・ブラウン	27	¥820,800	¥461,208	¥359,592	44%	30
26		S01-S-RED	スタイリシュレザー・ショルダーバッグ・レッド	42	¥1,276,800	¥719,664	¥557,136	44%	7
27		S01-S-WHT	スタイリシュレザー・ショルダーバッグ・ホワイト	33	¥1,003,200	¥564,198	¥439,002	44%	15
28		S01-T-BEG	スタイリシュレザー・トラベルボストンバッグ・ベージュ	29	¥1,252,800	¥597,500	¥655,300	52%	23
29		S01-T-BLK	スタイリシュレザー・トラベルボストンバッグ・ブラック	34	¥1,468,800	¥687,000	¥781,800	53%	12
30		S01-T-BRN	スタイリシュレザー・トラベルボストンバッグ・ブラウン	26	¥1,123,200	¥494,500	¥628,700	56%	31
31		S01-T-RED	スタイリシュレザー・トラベルボストンバッグ・レッド	29	¥1,252,800	¥597,000	¥655,800	52%	23
32		S02-H-SLV	スタイリシュレザークール・ハンドバッグ・シルバー	32	¥537,600	¥316,380	¥221,220	41%	17
33		S02-P-SLV	スタイリシュレザークール・パース・シルバー	30	¥465,000	¥270,580	¥194,420	42%	20
34		S02-S-SLV	スタイリシュレザークール・ショルダーバッグ・シルバー	31	¥790,500	¥396,000	¥394,500	50%	19
35		S02-T-SLV	スタイリシュレザークール・トラベルボストンバッグ・シルバー	30	¥1,296,000	¥612,000	¥684,000	53%	20
36									

｜売上データ｜商品別｜店舗別｜商品カテゴリー別｜カラー別｜シリーズ別｜商品カテゴリー・カラー別｜店舗・月別｜⊕｜

商品型番ごとに、粗利を合計する ━━
　商品型番ごとに、粗利率を算出する ━━
　　売上数量の多い順に、順位を付ける ━━

POINT　粗利率

粗利率とは、売上金額に対する粗利の比率を表し、「売上総利益率」ともいいます。
「粗利÷売上金額」で求められます。

●商品カテゴリー別売上集計表（シート「商品カテゴリー別」）

商品カテゴリーごとに売上数量、売上金額、売上原価、粗利を集計します。
商品カテゴリーは商品型番から識別します。

商品カテゴリーごとに、売上数量を合計する

商品カテゴリーごとに、売上金額を合計する

	A	B	C	D	E	F	G	H
1		商品カテゴリー別売上集計表						
2		商品カテゴリー	商品カテゴリー名	売上数量	売上金額	売上原価	粗利	
3		C	キャリーカートバッグ	84	¥3,192,000	¥1,183,280	¥2,008,720	
4		T	トラベルボストンバッグ	148	¥6,393,600	¥2,988,000	¥3,405,600	
5		S	ショルダーバッグ	399	¥10,574,600	¥5,103,624	¥5,470,976	
6		H	ハンドバッグ	255	¥4,284,000	¥1,969,100	¥2,314,900	
7		P	パース	282	¥3,930,500	¥1,862,750	¥2,067,750	
8								
9								
10								

売上データ | 商品別 | 店舗別 | 商品カテゴリー別 | カラー別 | シリーズ別 | 商品カテゴリー・カラー別 | 店舗・月別

商品カテゴリーごとに、売上原価を合計する ——

商品カテゴリーごとに、粗利を合計する ——

●商品カテゴリー・カラー別売上集計表（シート「商品カテゴリー・カラー別」）

商品カテゴリーごと、カラーごとの売上金額を集計します。
どのカテゴリーの、どの色の商品が売れているかを分析します。

—— 商品カテゴリー・カラーごとに、売上金額を合計する

	A	B	C	D	E	F	G	H	I
1		商品カテゴリー・カラー別売上集計表							
2			商品カテゴリー	C	T	S	H	P	
3		カラー		キャリーカートバッグ	トラベルボストンバッグ	ショルダーバッグ	ハンドバッグ	パース	合計
4		WHT	ホワイト	¥0	¥0	¥1,003,200	¥554,400	¥459,000	¥2,016,600
5		BEG	ベージュ	¥0	¥1,252,800	¥881,600	¥571,200	¥391,500	¥3,097,100
6		BRN	ブラウン	¥0	¥1,123,200	¥820,800	¥588,000	¥351,000	¥2,883,000
7		BLK	ブラック	¥0	¥1,468,800	¥2,219,200	¥470,400	¥634,500	¥4,792,900
8		RED	レッド	¥0	¥1,252,800	¥1,276,800	¥470,400	¥567,000	¥3,567,000
9		NVY	ネイビー	¥2,052,000	¥0	¥1,100,000	¥487,200	¥0	¥3,639,200
10		BLU	ブルー	¥1,140,000	¥0	¥1,275,000	¥604,800	¥0	¥3,019,800
11		SLV	シルバー	¥0	¥1,296,000	¥790,500	¥537,600	¥465,000	¥3,089,100
12		ANM	アニマル	¥0	¥0	¥560,000	¥0	¥337,500	¥897,500
13		FLR	フラワー	¥0	¥0	¥647,500	¥0	¥725,000	¥1,372,500
14		合計		¥3,192,000	¥6,393,600	¥10,574,600	¥4,284,000	¥3,930,500	¥28,374,700
15									

売上データ | 商品別 | 店舗別 | 商品カテゴリー別 | カラー別 | シリーズ別 | 商品カテゴリー・カラー別 | 店舗・月別

外部データを取り込む

1 外部データの活用

テキストファイルのデータやAccessなどのほかのアプリケーションソフトで作成したデータを
Excelに取り込むことができます。
取り込んだデータはExcelのデータとして計算や集計に活用できます。

取り込み元
テキストファイル

取り込み後の
Excelのシート

2 外部データの取り込み

テキストファイル「**uriage**」のデータを、「**テーブル**」としてシート「**売上データ**」に取り込みましょう。

 》 フォルダー「**第3章**」のブック「**売上集計**」のシート「**売上データ**」を開いておきましょう。

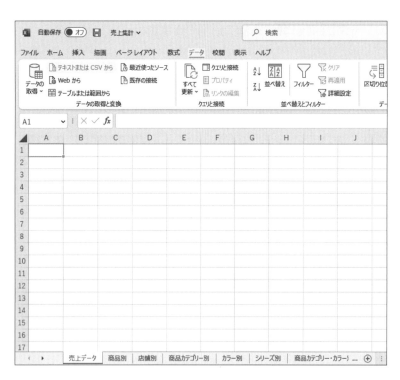

外部データの取り込みを開始する位置を指定します。

①セル【A1】をクリックします。

②《**データ**》タブを選択します。

③《**データの取得と変換**》グループの 〔テキストまたは CSV から〕（テキストまたはCSVから）をクリックします。

《**データの取り込み**》ダイアログボックスが表示されます。

④フォルダー「**第3章**」を開きます。

※《ドキュメント》→「Excel関数テクニック2021／365」→「第3章」を選択します。

⑤一覧から「**uriage**」を選択します。

⑥《**インポート**》をクリックします。

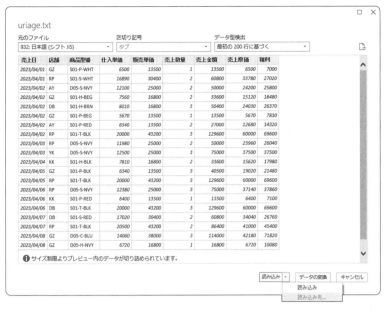

テキストファイル「uriage」の内容が表示
されます。

⑦《区切り記号》が《タブ》になっているこ
とを確認します。

⑧《読み込み》の ▼ をクリックします。

⑨《読み込み先》をクリックします。

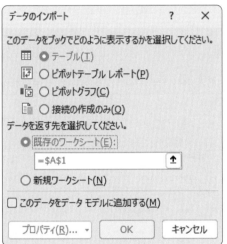

《データのインポート》ダイアログボックス
が表示されます。

⑩テーブルが ⦿ になっていることを確
認します。

⑪《既存のワークシート》を ⦿ にします。

⑫「＝$A$1」と表示されていることを確認
します。

⑬《OK》をクリックします。

データがテーブルとして取り込まれます。

※リボンに《テーブルデザイン》タブと《クエリ》タ
ブが表示され、自動的に《テーブルデザイン》タ
ブに切り替わります。

※《クエリと接続》作業ウィンドウが表示されます。
作業ウィンドウを閉じておきましょう。

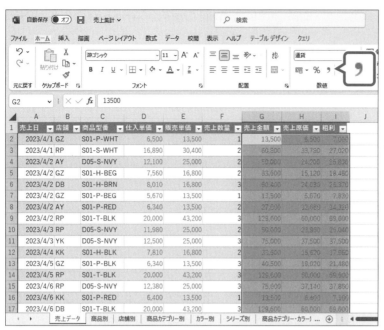

「仕入単価」「販売単価」のデータに桁区切りスタイルを設定します。

⑭セル範囲【D2：E593】を選択します。

※セル【D2：E2】を選択し、[Ctrl]+[Shift]を押しながら[↓]を押すと効率よく選択できます。

⑮《ホーム》タブを選択します。

⑯《数値》グループの[,]（桁区切りスタイル）をクリックします。

⑰同様に、「売上金額」「売上原価」「粗利」のデータに桁区切りスタイルを設定します。

※お使いの環境によっては、桁区切りスタイルが表示されない場合があります。その場合は、画面をスクロールすると表示されます。

POINT　データの取り込み画面

❶**元のファイル**
元のテキストファイルの形式（文字コード）を選択します。

❷**区切り記号**
元のテキストファイル内のデータがどのように区切られているかを選択します。

❸**データ型検出**
元のテキストファイルのデータ形式の検出方法を選択します。

❹**読み込み**
データを取り込む場所を選択します。
《読み込み》を選択すると、新しいシートを挿入し、セル【A1】を基準に外部データを取り込みます。
《読み込み先》を選択すると、《データのインポート》ダイアログボックスが表示され、外部データを取り込む場所を選択できます。

STEP UP　データの更新

ブックに取り込んだデータと取り込み元のデータは接続されているので、取り込み元のデータが更新された場合にExcelのデータを更新できます。
Excelのデータを更新する方法は、次のとおりです。

◆《データ》タブ→《クエリと接続》グループの □ (すべて更新)

※Excelに取り込んだデータを変更しても、取り込み元のデータは変更されません。

STEP UP　リンクの解除

取り込んだデータと取り込み元のデータの接続（リンク）は解除できます。
取り込み元とのリンクを解除する方法は、次のとおりです。

◆《テーブルデザイン》タブ→《外部のテーブルデータ》グループの リンク解除 (リンク解除)

STEP UP　テーブルに変換せずに取り込む

外部データはテーブルとして取り込まれ、テーブルスタイルが設定されますが、テーブルに変換せずにデータを取り込むこともできます。
外部データをテーブルに変換せずに取り込むには、データのインポートに関連するオプションを変更します。

オプションの変更

◆《ファイル》タブ→《オプション》→左側の一覧から《データ》を選択→《レガシデータインポートウィザードの表示》の《☑テキストから（レガシ）》

※お使いの環境によっては、《オプション》が表示されていない場合があります。その場合は、《その他》→《オプション》をクリックします。

データの取り込み

◆《データ》タブ→《データの取得と変換》グループの (データの取得) →《従来のウィザード》→《テキストから（レガシ）》→ファイルを選択→《インポート》→ウィザードに従う

テキストファイルウィザード画面

STEP UP　外部データのファイルを開く

テキストファイルなどの外部データをExcel で直接開くことができます。
外部データをExcel で開く方法は、次のとおりです。

◆《ファイル》タブ→《開く》→《参照》→ファイルの種類を選択→ファイルを選択→《開く》

STEP 3 商品別の売上集計表を作成する

1 商品別の合計

商品型番をもとに、商品別の売上集計表を作成します。売上データの中から商品型番が一致した商品の売上数量、売上金額、売上原価、粗利の合計を求めましょう。
SUMIF関数を使います。

●商品別の売上数量を合計する場合

	A	B	C	D	E	F			
1	売上日	店舗	商品型番	仕入単価	販売単価	売上数量			
2	2023/4/1	GZ	S01-P-WHT	6,500	13,500	1	13,500	6,500	7,000
3	2023/4/1	RP	S01-S-WHT	16,890	30,400	2	60,800	33,780	27,020
4	2023/4/2	AY	D05-S-NVY	12,100	25,000	2	50,000	24,200	25,800
5	2023/4/2	GZ	S01-H-BEG	7,560	16,800	2	33,600	15,120	18,480
6	2023/4/2	DB	S01-H-BRN	8,010	16,800	3	50,400	24,030	26,370
7	2023/4/2	GZ	S01-P-BEG	5,670	13,500	1	13,500	5,670	7,830
8	2023/4/2	AY	S01-P-RED	6,340	13,500	2	27,000	12,680	14,320
9	2023/4/2	RP	S01-T-BLK	20,000	43,200	3	129,600	60,000	69,600
10	2023/4/3	RP	D05-S-NVY	11,980	25,000	2	50,000	23,960	26,040
11	2023/4/3	YK	D05-S-NVY	12,500	25,000	3	75,000	37,500	37,500
12	2023/4/4	KK	S01-H-BLK	7,810	16,800	2	33,600	15,620	17,980
13	2023/4/5	GZ	S01-P-BLK	6,340	13,500	3	40,500	19,020	21,480
14	2023/4/5	RP	S01-T-BLK	20,000	43,200	3	129,600	60,000	69,600

> 商品型番が同じ商品の売上数量を合計する

1 SUMIF関数

「SUMIF関数」を使うと、条件を満たすセルの合計を求めることができます。

●SUMIF関数

指定した範囲内で検索条件を満たしているセルと同じ行または列にある、合計範囲内のセルの合計を求めます。

$$=SUMIF(範囲, 検索条件, 合計範囲)$$

➊ ➋ ➌

➊範囲
検索の対象となるセル範囲を指定します。

➋検索条件
検索条件を文字列またはセル、数値、数式で指定します。「">15"」「"<>0"」のように比較演算子を使って指定することもできます。
※条件にはワイルドカード文字が使えます。

➌合計範囲
合計を求めるセル範囲を指定します。
※省略できます。省略すると➊の範囲が対象になります。

例：
=SUMIF(A2:A10,"りんご",B2:B10)
セル範囲【A2:A10】から「りんご」を検索し、対応するセル範囲【B2:B10】の値を合計します。
セル【A3】とセル【A5】が「りんご」の場合、セル【B3】とセル【B5】の値を合計します。

2 名前の定義

データ件数が多いので、各列に名前を定義して関数の引数に利用しましょう。
データの件数が増える可能性がある場合、列単位で名前を定義しておくと、件数が増えても名前の範囲を修正する必要がありません。
シート「**売上データ**」の各列の1行目の項目名を使って、列ごとに名前を定義しましょう。

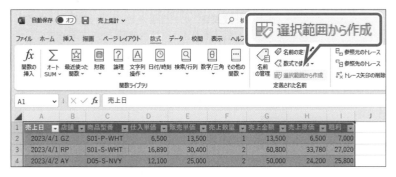

① 列番号【**A：I**】を選択します。
②《**数式**》タブを選択します。
③《**定義された名前**》グループの
　選択範囲から作成（選択範囲から作成）
　をクリックします。

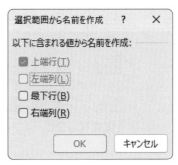

《**選択範囲から名前を作成**》ダイアログボックスが表示されます。
上端行の項目名を名前として定義します。
④《**上端行**》が✔になっていることを確認します。
⑤《**左端列**》を□にします。
⑥《**OK**》をクリックします。

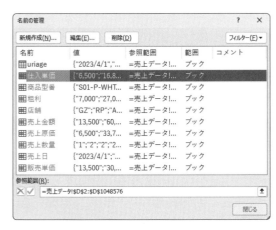

定義した名前を確認します。
⑦《**定義された名前**》グループの（名前の管理）をクリックします。
⑧定義した名前が登録されていることを確認します。
※名前「uriage」は、テキストファイル「uriage」を取り込むと自動的に登録されます。
⑨《**閉じる**》をクリックします。

3 商品別の合計

SUMIF関数を使って、シート「**商品別**」のD～G列に、商品型番ごとの売上数量、売上金額、売上原価、粗利を合計する数式を入力しましょう。
※引数には名前「商品型番」「売上数量」を使います。
※売上金額、売上原価、粗利を合計する数式は、売上数量を合計する数式をコピーして編集します。

●セル【D3】の数式

> ＝ SUMIF（商品型番, $B3, 売上数量）
> 　　　　　　　　❶
>
> ❶ 名前「商品型番」から、セル【B3】と同じ商品型番を検索し、名前「売上数量」に対応する値を合計する

=SUMIF(商品型番,$B3,売上数量)

①シート「**商品別**」のシート見出しをクリックします。

②セル【D3】に「**=SUMIF(商品型番,$B3,売上数量)**」と入力します。

※数式をコピーするため、セル【B3】は列を常に固定するように複合参照にしておきます。

売上数量が表示されます。

③セル【D3】を選択し、セル右下の■(フィルハンドル)をセル【G3】までドラッグします。

数式がコピーされ、[オートフィルオプション]が表示されます。

コピー先のE～G列に通貨の表示形式が設定されているため、書式以外をコピーします。

④[オートフィルオプション]をクリックします。

※[■]をポイントすると、[■▼]になります。

⑤《**書式なしコピー(フィル)**》をクリックします。

=SUMIF(商品型番,$B3,売上金額)

⑥セル【E3】の数式を「**=SUMIF(商品型番,$B3,売上金額)**」に修正します。

※引数の「売上数量」を「売上金額」に修正します。

売上金額が表示されます。

=SUMIF(商品型番,$B3,売上原価)

⑦セル【F3】の数式を「**=SUMIF(商品型番,$B3,売上原価)**」に修正します。

※引数の「売上数量」を「売上原価」に修正します。

売上原価が表示されます。

=SUMIF(商品型番,$B3,粗利)

G3		⋮	✕ ✓	fx	=SUMIF(商品型番,$B3,粗利)			

	B	C	D	E	F	G	H
1	**商品別売上集計表**						
2	商品型番	商品名	売上数量	売上金額	売上原価	粗利	粗利率
3	D05-C-BLU	デニムカジュアル・キャリーカートバッグ・ブルー	30	¥1,140,000	¥422,860	¥717,140	
4	D05-C-NVY	デニムカジュアル・キャリーカートバッグ・ネイビー					
5	D05-H-BLU	デニムカジュアル・ハンドバッグ・ブルー					
6	D05-H-NVY	デニムカジュアル・ハンドバッグ・ネイビー					
7	D05-S-BLU	デニムカジュアル・ショルダーバッグ・ブルー					
8	D05-S-NVY	デニムカジュアル・ショルダーバッグ・ネイビー					
9	P01-P-FLR	プリティフラワー・パース・フラワー					
10	P01-S-FLR	プリティフラワー・ショルダーバッグ・フラワー					
11	P02-P-ANM	プリティアニマル・パース・アニマル					
12	P02-S-ANM	プリティアニマル・ショルダーバッグ・アニマル					
13	S01-H-BEG	スタイリッシュレザー・ハンドバッグ・ベージュ					
14	S01-H-BLK	スタイリッシュレザー・ハンドバッグ・ブラック					
15	S01-H-BRN	スタイリッシュレザー・ハンドバッグ・ブラウン					
16	S01-H-RED	スタイリッシュレザー・ハンドバッグ・レッド					
17	S01-H-WHT	スタイリッシュレザー・ハンドバッグ・ホワイト					

売上データ 商品別 店舗別 商品カテゴリー別 カラー別 シリーズ別 商品カテゴリー・カラー！ … ⊕ ⋮ ◀

⑧セル【G3】の数式を「=SUMIF(商品型番, $B3,粗利)」に修正します。
※引数の「売上数量」を「粗利」に修正します。
粗利が表示されます。

	B	C	D	E	F	G	H
1	**商品別売上集計表**						
2	商品型番	商品名	売上数量	売上金額	売上原価	粗利	粗利率
3	D05-C-BLU	デニムカジュアル・キャリーカートバッグ・ブルー	30	¥1,140,000	¥422,860	¥717,140	
4	D05-C-NVY	デニムカジュアル・キャリーカートバッグ・ネイビー	54	¥2,052,000	¥760,420	¥1,291,580	
5	D05-H-BLU	デニムカジュアル・ハンドバッグ・ブルー	36	¥604,800	¥237,520	¥367,280	
6	D05-H-NVY	デニムカジュアル・ハンドバッグ・ネイビー	29	¥487,200	¥189,140	¥298,060	
7	D05-S-BLU	デニムカジュアル・ショルダーバッグ・ブルー	51	¥1,275,000	¥629,230	¥645,770	
8	D05-S-NVY	デニムカジュアル・ショルダーバッグ・ネイビー	44	¥1,100,000	¥544,230	¥555,770	
9	P01-P-FLR	プリティフラワー・パース・フラワー	49	¥725,000	¥285,500	¥439,500	
10	P01-S-FLR	プリティフラワー・ショルダーバッグ・フラワー	37	¥647,500	¥269,500	¥378,000	
11	P02-P-ANM	プリティアニマル・パース・アニマル	25	¥337,500	¥174,540	¥162,960	
12	P02-S-ANM	プリティアニマル・ショルダーバッグ・アニマル	32	¥560,000	¥221,150	¥338,850	
13	S01-H-BEG	スタイリッシュレザー・ハンドバッグ・ベージュ	34	¥571,200	¥263,840	¥307,360	
14	S01-H-BLK	スタイリッシュレザー・ハンドバッグ・ブラック	28	¥470,400	¥217,030	¥253,370	
15	S01-H-BRN	スタイリッシュレザー・ハンドバッグ・ブラウン	35	¥588,000	¥271,210	¥316,790	
16	S01-H-RED	スタイリッシュレザー・ハンドバッグ・レッド	28	¥470,400	¥216,540	¥253,860	
17	S01-H-WHT	スタイリッシュレザー・ハンドバッグ・ホワイト	33	¥554,400	¥257,440	¥296,960	

売上データ 商品別 店舗別 商品カテゴリー別 カラー別 シリーズ別 商品カテゴリー・カラー！ … ⊕ ⋮ ◀

⑨セル範囲【D3:G3】を選択し、セル範囲右下の■(フィルハンドル)をダブルクリックします。
数式がコピーされます。

スピルを使うと…

●セル【D3】の数式

= SUMIF(商品型番, $B3:$B35, 売上数量)

※数式をコピーするため、セル範囲【B3:B35】は列を常に固定するように複合参照にしておきます。

●セル【E3】の数式

= SUMIF(商品型番, $B3:$B35, 売上金額)

●セル【F3】の数式

= SUMIF(商品型番, $B3:$B35, 売上原価)

●セル【G3】の数式

= SUMIF(商品型番, $B3:$B35, 粗利)

POINT 計算対象の範囲

売上データなど、常に変動することが予想されるデータを計算する場合、計算対象の範囲を現時点のセル範囲で指定してしまうと、売上データが増えたときにその都度数式を修正する必要があります。
このような場合には、列全体を計算対象にすると効率的です。

2　粗利率の算出

H列に「**粗利率**」を求める数式を入力しましょう。
粗利率は、「**粗利÷売上金額**」で求めることができます。

①セル【H3】に「=G3/E3」と入力します。
※セル【H3】には、パーセントの表示形式が設定されています。
②セル【H3】を選択し、セル右下の■（フィルハンドル）をダブルクリックします。
数式がコピーされます。

スピルを使うと…

●セル【H3】の数式

=G3:G35/E3:E35

※セル範囲【G3:G35】とセル範囲【E3:E35】にスピルを使った数式が入力されている場合、セル範囲をドラッグで指定すると「G3#」、「E3#」と表示されます。セル【G3】、【E3】を先頭とするスピル範囲全体を参照することを表します。

3　順位の表示

売上数量の多い順に「1」「2」「3」…と順位を付けましょう。
売上数量の順位から、売れ筋商品を確認できます。
RANK.EQ関数を使います。

1　RANK.EQ関数

「**RANK.EQ関数**」を使うと、順位を求めることができます。

> ●**RANK.EQ関数**
>
> 数値が指定の範囲内で何番目かを返します。
> 指定の範囲内に、重複した数値がある場合は、同じ順位として最上位の順位を返します。
>
> =RANK.EQ(**数値, 参照, 順序**)
> 　　　　　　❶　　❷　　❸
>
> ---
>
> ❶**数値**
> 順位を付ける数値やセルを指定します。
>
> ❷**参照**
> 順位を調べるセル範囲を指定します。
>
> ❸**順序**
> 「0」または「0以外の数値」を指定します。「0」は省略できます。
>
> | 0 | 降順（大きい順）に何番目かを表示します。 |
> | --- | --- |
> | 0以外の数値 | 昇順（小さい順）に何番目かを表示します。 |

2 順位の表示

RANK.EQ関数を使って、I列に売上数量の多い順に順位を表示する数式を入力しましょう。

●セル【I3】の数式

$$= RANK.EQ(\underset{❶}{D3}, \$D\$3:\$D\$35,0)$$

❶セル【D3】の数値が、セル範囲【D3:D35】の中で多い順の順位を求める

=RANK.EQ(D3,$D$3:$D$35,0)

①セル【I3】に「=RANK.EQ(D3,$D$3:$D$35,0)」と入力します。

※数式をコピーするため、セル範囲【D3:D35】は常に同じセル範囲を参照するように絶対参照にしておきます。

セル【I3】に順位が表示されます。

②セル【I3】を選択し、セル右下の■(フィルハンドル)をダブルクリックします。

数式がコピーされます。

スピルを使うと…

●セル【I3】の数式

$$= RANK.EQ(D3:D35,D3:D35,0)$$

※セル範囲【D3:D35】にスピルを使った数式が入力されている場合、セル範囲をドラッグで指定すると「D3#」と表示されます。セル【D3】を先頭とするスピル範囲全体を参照することを表します。

STEP UP RANK.EQ関数とRANK.AVG関数

同順位があるとき、「RANK.EQ関数」は同順位の最上位を表示しますが、同順位の平均値を表示させたい場合は「RANK.AVG関数」を使います。

●RANK.EQ関数の場合

	A	B	C	D	E
1					
2		氏名	得点	順位	
3		白河　萌	50	1	
4		古城　幹彦	45	2	
5		桂木　小恋	45	2	
6		雪村　巡	35	4	
7		杉並　小夜子	30	5	
8		日下　那奈	25	6	
9					

同順位の最上位が表示される

=RANK.EQ(C4,$C$3:$C$8,0)

●RANK.AVG関数の場合

	A	B	C	D	E
1					
2		氏名	得点	順位	
3		白河　萌	50	1	
4		古城　幹彦	45	2.5	
5		桂木　小恋	45	2.5	
6		雪村　巡	35	4	
7		杉並　小夜子	30	5	
8		日下　那奈	25	6	
9					

同順位の平均値が表示される

=RANK.AVG(C4,$C$3:$C$8,0)

ためしてみよう

①シート「店舗別」に切り替えて、店舗別の売上数量、売上金額、売上原価、粗利の合計を求めましょう。

※E〜G列には通貨の表示形式が設定されているため、数式をコピーする際には、書式以外をコピーします。

②売上金額の高い順に順位を表示しましょう。

※同じ売上金額があった場合は、同じ順位の最上位を表示するようにします。

	A	B	C	D	E	F	G	H	I
1		店舗別売上集計表							
2		店舗	店舗名	売上数量	売上金額	売上原価	粗利	順位	
3		GZ	銀座	248	¥5,785,400	¥2,678,570	¥3,106,830	2	
4		AY	青山	234	¥5,984,500	¥2,734,730	¥3,249,770	1	
5		DB	台場	175	¥4,125,700	¥1,906,504	¥2,219,196	5	
6		RP	六本木	190	¥4,775,700	¥2,201,820	¥2,573,880	3	
7		YK	横浜	172	¥4,210,800	¥1,959,990	¥2,250,810	4	
8		KK	鎌倉	149	¥3,492,600	¥1,625,140	¥1,867,460	6	
9									
10									
11									
12									
13									
14									
15									
16									

売上データ / 商品別 / 店舗別 / 商品カテゴリー別 / カラー別 / シリーズ別 / 商品カテゴリー・カラー別 / 店舗

①

①シート「店舗別」のシート見出しをクリック

②セル【D3】に「=SUMIF(店舗,$B3,売上数量)」と入力

※数式をコピーするため、セル【B3】は列を常に固定するように複合参照にしておきます。

③セル【D3】を選択し、セル右下の■(フィルハンドル)をセル【G3】までドラッグ

④ 🖽▾ (オートフィルオプション)をクリック

⑤《書式なしコピー(フィル)》をクリック

※コピー先のE〜G列に通貨の表示形式が設定されているため、書式以外をコピーします。

⑥セル【E3】の数式を「=SUMIF(店舗,$B3,売上金額)」に修正

※引数の「売上数量」を「売上金額」に修正します。

⑦セル【F3】の数式を「=SUMIF(店舗,$B3,売上原価)」に修正

※引数の「売上数量」を「売上原価」に修正します。

⑧セル【G3】の数式を「=SUMIF(店舗,$B3,粗利)」に修正

※引数の「売上数量」を「粗利」に修正します。

⑨セル範囲【D3:G3】を選択し、セル範囲右下の■(フィルハンドル)をダブルクリック

②

①セル【H3】に「=RANK.EQ(E3,$E$3:$E$8,0)」と入力

②セル【H3】を選択し、セル右下の■(フィルハンドル)をダブルクリック

1 商品型番の分割

商品カテゴリーごとに売上数量、売上金額、売上原価、粗利を集計します。取り込んだ売上データには、商品カテゴリーの項目はありませんが、商品型番の一部に商品カテゴリーを表す文字列が組み込まれています。商品型番から必要な文字列だけを取り出して、集計のキーワードとして利用します。
商品型番を「**シリーズ**」「**商品カテゴリー**」「**カラー**」の3つに分割しましょう。
LEFT関数、MID関数、RIGHT関数を使います。

1 商品型番の構成

商品型番の多くは、商品を管理するうえで必要な情報で構成されています。
この章で利用する商品型番の構成は、次のとおりです。

例：
D05-H-BLU
❶ ❷ ❸

❶シリーズ
商品のシリーズを表しています。
シリーズには、次のようなものがあります。

シリーズ	シリーズ名
D05	デニムカジュアル
P01	プリティフラワー
P02	プリティアニマル
S01	スタイリシュレザー
S02	スタイリシュレザークール

❷商品カテゴリー
商品の分類を表しています。
商品カテゴリーには、次のようなものがあります。

商品カテゴリー	商品カテゴリー名
C	キャリーカートバッグ
T	トラベルボストンバッグ
S	ショルダーバッグ
H	ハンドバッグ
P	パース

❸カラー
商品の色を表しています。
カラーには、次のようなものがあります。

カラー	カラー名
WHT	ホワイト
BEG	ベージュ
BRN	ブラウン
BLK	ブラック
RED	レッド
NVY	ネイビー
BLU	ブルー
SLV	シルバー
ANM	アニマル
FLR	フラワー

例えば、「**D05-H-BLU**」という商品型番は、「**デニムカジュアル（D05）**」の「**ハンドバッグ（H）**」で、色が「**ブルー（BLU）**」であることを表しています。

2 LEFT関数・MID関数・RIGHT関数

「LEFT関数」「MID関数」「RIGHT関数」を使うと、文字列の一部を取り出すことができます。LEFT関数は文字列の左端（先頭）から、MID関数は文字列の指定した位置から、RIGHT関数は文字列の右端（末尾）から指定した数の文字を取り出します。

●LEFT関数

文字列の先頭から指定された数の文字を返します。

＝LEFT（<u>文字列</u>, <u>文字数</u>）
   ❶   ❷

❶文字列
取り出す文字を含む文字列またはセルを指定します。

❷文字数
取り出す文字数を指定します。
※「1」は省略できます。省略すると、左端の文字が取り出されます。

例：
=LEFT ("Excel関数テクニック", 5) →Excel

●MID関数

文字列の指定した開始位置から指定された数の文字を返します。

＝MID（<u>文字列</u>, <u>開始位置</u>, <u>文字数</u>）
      ❶   ❷   ❸

❶文字列
取り出す文字を含む文字列またはセルを指定します。

❷開始位置
文字列の何文字目から取り出すかを指定します。
先頭文字から「1」「2」「3」・・・と数えて、開始位置を数値で指定します。

❸文字数
取り出す文字数を指定します。

例：
=MID ("Excel関数テクニック", 6, 2) →関数

●RIGHT関数

文字列の末尾から指定された数の文字を返します。

＝RIGHT（<u>文字列</u>, <u>文字数</u>）
       ❶   ❷

❶文字列
取り出す文字を含む文字列またはセルを指定します。

❷文字数
取り出す文字数を指定します。
※「1」は省略できます。省略すると、右端の文字が取り出されます。

例：
=RIGHT ("Excel関数テクニック", 5) →テクニック

3 項目名の入力

シート「**売上データ**」に、「**シリーズ**」「**商品カテゴリー**」「**カラー**」を追加します。テーブルに隣接したセルに項目を追加すると、自動的にテーブルの範囲が広がります。
J〜L列に「**シリーズ**」「**商品カテゴリー**」「**カラー**」という項目名をそれぞれ入力しましょう。

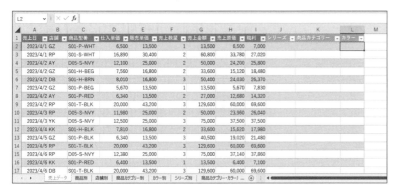

①シート「**売上データ**」のシート見出しをクリックします。
②セル【J1】に「**シリーズ**」と入力します。
③セル【K1】に「**商品カテゴリー**」と入力します。
④セル【L1】に「**カラー**」と入力します。
※列幅を調整しておきましょう。

4 シリーズの取り出し

LEFT関数を使って、J列にシリーズの文字列を取り出す数式を入力しましょう。
シリーズは、商品型番の左端から3文字です。

=LEFT(C2,3)

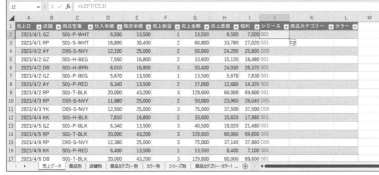

①セル【J2】に「**=LEFT(C2,3)**」と入力します。
※セル【C2】をクリックして指定すると、「=LEFT([@商品型番],3)」と表示されます。
テーブル内に数式を入力すると、テーブル内の列全体に数式が入力されます。

POINT **構造化参照**

テーブル内の各列は、列見出し名で管理されています。そのため、数式でテーブル内のセルを参照すると、「[@商品番号]」のように列見出しが表示されます。この参照を「構造化参照」といいます。「[@商品型番]」は、ここではセル範囲【C2:C593】を指し、セル【C2】から順に値が計算に使用されます。テーブルにデータが追加されると自動的にセル範囲を認識するため、数式を修正する必要がなく効率的です。

5 商品カテゴリーの取り出し

MID関数を使って、K列に商品カテゴリーの文字列を取り出す数式を入力しましょう。
商品カテゴリーは、商品型番の5文字目から1文字です。

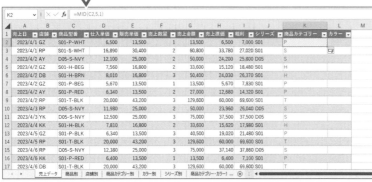

①セル【K2】に「=MID（C2,5,1）」と入力
します。

※セル【C2】をクリックして指定すると、「=MID
（[@商品型番],5,1）」と表示されます。

テーブル内に数式を入力すると、テーブル内の列全体に数式が入力されます。

6 カラーの取り出し

RIGHT関数を使って、L列にカラーの文字列を取り出す数式を入力しましょう。
カラーは、商品型番の右端から3文字です。

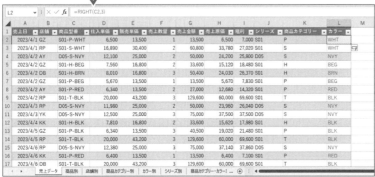

①セル【L2】に「=RIGHT（C2,3）」と入力
します。

※セル【C2】をクリックして指定すると、「=RIGHT
（[@商品型番],3）」と表示されます。

テーブル内に数式を入力すると、テーブル内の列全体に数式が入力されます。

7 名前の定義

関数の引数に利用するため、シート「売上データ」のJ～L列に1行目の項目名を使って、名前を定義しましょう。

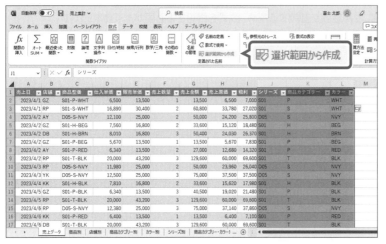

①列番号【J:L】を選択します。
②《数式》タブを選択します。
③《定義された名前》グループの
選択範囲から作成（選択範囲から作成）
をクリックします。

《選択範囲から名前を作成》ダイアログボックスが表示されます。

上端行の項目名を名前として定義します。

④《上端行》が☑になっていることを確認します。

⑤《左端列》を□にします。

⑥《OK》をクリックします。

名前が定義されます。

※定義した名前を確認しておきましょう。

2 商品カテゴリー別の合計

商品型番から取り出した商品カテゴリーをもとに、商品カテゴリー別の売上集計表を作成しましょう。

SUMIF関数を使って、シート「**商品カテゴリー別**」のD～G列に、商品カテゴリーごとの売上数量、売上金額、売上原価、粗利を合計する数式を入力します。

※引数には名前「商品カテゴリー」「売上数量」を使います。

※売上金額、売上原価、粗利を合計する数式は、売上数量を合計する数式をコピーして編集します。

=SUMIF(商品カテゴリー,$B3,売上数量)

①シート「**商品カテゴリー別**」のシート見出しをクリックします。

②セル【D3】に「=SUMIF(**商品カテゴリー**, $B3,売上数量)」と入力します。

※数式をコピーするため、セル【B3】は列を常に固定するように複合参照にしておきます。

売上数量が表示されます。

③セル【D3】を選択し、セル右下の■(フィルハンドル)をセル【G3】までドラッグします。

数式がコピーされます。

※コピー先のE～G列に通貨の表示形式が設定されているため、書式以外をコピーします。(オートフィルオプション)をクリックして、《書式なしコピー(フィル)》をクリックしておきましょう。

=SUMIF(商品カテゴリー,$B3,売上金額)

④セル【E3】の数式を「=SUMIF(**商品カテゴリー**,$B3,売上金額)」に修正します。

※引数の「売上数量」を「売上金額」に修正します。

売上金額が表示されます。

※現時点では「このセルにある数式が、セルの周辺の数式と異なっています。」のエラーが表示されますが、⑤の操作を行うことで解消され、非表示になります。

=SUMIF(商品カテゴリー,$B3,売上原価)

⑤セル【F3】の数式を「=SUMIF(商品カテ
ゴリー,$B3,売上原価)」に修正します。
※引数の「売上数量」を「売上原価」に修正します。
売上原価が表示されます。

=SUMIF(商品カテゴリー,$B3,粗利)

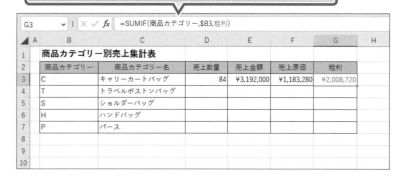

⑥セル【G3】の数式を「=SUMIF(商品カテ
ゴリー,$B3,粗利)」に修正します。
※引数の「売上数量」を「粗利」に修正します。
粗利が表示されます。

⑦セル範囲【D3：G3】を選択し、セル範
囲右下の■（フィルハンドル）をダブル
クリックします。
数式がコピーされます。

スピルを使うと…

●セル【D3】の数式

= SUMIF(商品カテゴリー, $B3：$B7,売上数量)

※数式をコピーするため、セル範囲【B3：B7】は列を常に固定するように複合参照にしておきます。

●セル【E3】の数式

= SUMIF(商品カテゴリー, $B3：$B7,売上金額)

●セル【F3】の数式

= SUMIF(商品カテゴリー, $B3：$B7,売上原価)

●セル【G3】の数式

= SUMIF(商品カテゴリー, $B3：$B7,粗利)

Let's Try　ためしてみよう

①シート「カラー別」に切り替えて、カラー別の売上数量、売上金額、売上原価、粗利の合計をそれぞれ求めましょう。

※E～G列には通貨の表示形式が設定されているため、数式をコピーする際には、書式以外をコピーします。

A	B	C	D	E	F	G	H	I
1	カラー別売上集計表							
2	カラー	カラー名	売上数量	売上金額	売上原価	粗利		
3	WHT	ホワイト	100	¥2,016,600	¥1,038,768	¥977,832		
4	BEG	ベージュ	121	¥3,097,100	¥1,538,384	¥1,558,716		
5	BRN	ブラウン	114	¥2,883,000	¥1,391,888	¥1,491,112		
6	BLK	ブラック	182	¥4,792,900	¥2,006,660	¥2,786,240		
7	RED	レッド	141	¥3,567,000	¥1,802,004	¥1,764,996		
8	NVY	ネイビー	127	¥3,639,200	¥1,493,790	¥2,145,410		
9	BLU	ブルー	117	¥3,019,800	¥1,289,610	¥1,730,190		
10	SLV	シルバー	123	¥3,089,100	¥1,594,960	¥1,494,140		
11	ANM	アニマル	57	¥897,500	¥395,690	¥501,810		
12	FLR	フラワー	86	¥1,372,500	¥555,000	¥817,500		

売上データ　商品別　店舗別　商品カテゴリー別　カラー別　シリーズ別　商品カテゴリー・ヵ … ⊕

②シート「シリーズ別」に切り替えて、シリーズ別の売上数量、売上金額、売上原価、粗利の合計をそれぞれ求めましょう。

※E～G列には通貨の表示形式が設定されているため、数式をコピーする際には、書式以外をコピーします。

A	B	C	D	E	F	G
1	シリーズ別売上集計表					
2	シリーズ	シリーズ名	売上数量	売上金額	売上原価	粗利
3	D05	デニムカジュアル	244	¥6,659,000	¥2,783,400	¥3,875,600
4	P01	プリティフラワー	86	¥1,372,500	¥555,000	¥817,500
5	P02	プリティアニマル	57	¥897,500	¥395,690	¥501,810
6	S01	スタイリッシュレザー	658	¥16,356,600	¥7,777,704	¥8,578,896
7	S02	スタイリッシュレザークール	123	¥3,089,100	¥1,594,960	¥1,494,140

売上データ　商品別　店舗別　商品カテゴリー別　カラー別　シリーズ別　商品カテゴリー・ヵ … ⊕

Let's Try Answer

①

①シート「カラー別」のシート見出しをクリック

②セル【D3】に「=SUMIF(カラー,$B3,売上数量)」と入力

※数式をコピーするため、セル【B3】は列を常に固定するように複合参照にしておきます。

③セル【D3】を選択し、セル右下の■(フィルハンドル)をセル【G3】までドラッグ

④ ⊞・(オートフィルオプション)をクリック

⑤《書式なしコピー(フィル)》をクリック

※コピー先のE～G列に通貨の表示形式が設定されているため、書式以外をコピーします。

⑥セル【E3】の数式を「=SUMIF(カラー,$B3,売上金額)」に修正

※引数の「売上数量」を「売上金額」に修正します。

⑦セル【F3】の数式を「=SUMIF(カラー,$B3,売上原価)」に修正

※引数の「売上数量」を「売上原価」に修正します。

⑧セル【G3】の数式を「=SUMIF(カラー,$B3,粗利)」に修正

※引数の「売上数量」を「粗利」に修正します。

⑨セル範囲【D3:G3】を選択し、セル範囲右下の■(フィルハンドル)をダブルクリック

②

①シート「シリーズ別」のシート見出しをクリック

②セル【D3】に「=SUMIF(シリーズ,$B3,売上数量)」と入力

※数式をコピーするため、セル【B3】は列を常に固定するように複合参照にしておきます。

③セル【D3】を選択し、セル右下の■(フィルハンドル)をセル【G3】までドラッグ

④ ⊞・(オートフィルオプション)をクリック

⑤《書式なしコピー(フィル)》をクリック

※コピー先のE～G列に通貨の表示形式が設定されているため、書式以外をコピーします。

⑥セル【E3】の数式を「=SUMIF(シリーズ,$B3,売上金額)」に修正

※引数の「売上数量」を「売上金額」に修正します。

⑦セル【F3】の数式を「=SUMIF(シリーズ,$B3,売上原価)」に修正

※引数の「売上数量」を「売上原価」に修正します。

⑧セル【G3】の数式を「=SUMIF(シリーズ,$B3,粗利)」に修正

※引数の「売上数量」を「粗利」に修正します。

⑨セル範囲【D3:G3】を選択し、セル範囲右下の■(フィルハンドル)をダブルクリック

1 商品カテゴリー・カラー別の合計

商品型番から取り出した商品カテゴリーとカラーをもとに、商品カテゴリーごと、カラーごとの売上集計表を作成しましょう。

売上データの中から商品カテゴリーとカラーが一致する商品の売上金額の合計を求めます。SUMIFS関数を使います。

1 SUMIFS関数

「SUMIFS関数」を使うと、複数の条件をすべて満たすセルの合計を求めることができます。

●SUMIFS関数

複数の条件をすべて満たす場合、対応するセル範囲の値の合計を求めます。

＝SUMIFS（合計対象範囲, 条件範囲1, 条件1, 条件範囲2, 条件2, ・・・）
　　　　　　　❶　　　　　❷　　　　❸　　　　❹　　　　❺

---

❶合計対象範囲
複数の条件をすべて満たす場合に、合計するセル範囲を指定します。

❷条件範囲1
1つ目の条件によって検索するセル範囲を指定します。

❸条件1
1つ目の条件を文字列またはセル、数値、数式で指定します。「">15"」「"<>0"」のように比較演算子を使って指定することもできます。
「条件範囲」と「条件」の組み合わせは、127個まで指定できます。
※条件にはワイルドカード文字が使えます。

❹条件範囲2
2つ目の条件によって検索するセル範囲を指定します。

❺条件2
2つ目の条件を指定します。

※引数の指定順序がSUMIF関数とは異なるので、注意しましょう。

例：
=SUMIFS（C3：C10,A3：A10,"りんご",B3：B10,"青森"）
セル範囲【A3：A10】から「りんご」、セル範囲【B3：B10】から「青森」を検索し、両方に対応するセル範囲【C3：C10】の値を合計します。

	A	B	C	D	E	F	G	H
1	果物仕入表							
2	品名	産地	仕入個数		青森産のりんごの個数			
3	りんご	青森	100		300			
4	なし	鳥取	50					
5	ぶどう	山梨	50					
6	りんご	岩手	120					
7	りんご	青森	200					
8	ぶどう	石川	60					
9	なし	鳥取	200					
10	ぶどう	石川	60					
11								

=SUMIFS（C3：C10,A3：A10,"りんご",B3：B10,"青森"）

2 商品カテゴリー・カラー別の合計

SUMIFS関数を使って、シート**「商品カテゴリー・カラー別」**に商品カテゴリーとカラーが一致する商品の売上金額を合計する数式を入力しましょう。

●セル【D4】の数式

= SUMIFS(売上金額, カラー, $B4, 商品カテゴリー, D$2)
❶

❶名前「カラー」からセル【B4】の値、名前「商品カテゴリー」からセル【D2】の値をそれぞれ検索し、2つの条件を満たす名前「売上金額」の値を合計する

=SUMIFS(売上金額, カラー, $B4, 商品カテゴリー, D$2)

①シート「**商品カテゴリー・カラー別**」のシート見出しをクリックします。

②セル【D4】に「=SUMIFS(売上金額, カラー, $B4, 商品カテゴリー, D$2)」と入力します。

「キャリーカートバッグ」の「ホワイト」の売上金額が表示されます。

※セル【D4】には、通貨の表示形式が設定されています。

③セル【D4】を選択し、セル右下の■(フィルハンドル)をダブルクリックします。

数式がコピーされます。

④セル範囲【D4:D13】を選択し、セル範囲右下の■(フィルハンドル)をセル【H13】までドラッグします。

数式がコピーされます。

> スピルを使うと…

●セル【D4】の数式

= SUMIFS(売上金額, カラー, B4:B13, 商品カテゴリー, D2:H2)

Let's Try ためしてみよう

①シート「店舗・月別」に切り替えて、B列の「店舗」と2〜3行目の条件をもとに、店舗別および月単位の売上金額の合計を求めましょう。

②K列に全体の売上に対する構成比を求めましょう。

※構成比は「各店舗の売上÷全体の売上」で求めます。

	店舗	店舗名	4月	5月	6月	7月	8月	9月	合計	構成比
2			>=2023/4/1	>=2023/5/1	>=2023/6/1	>=2023/7/1	>=2023/8/1	>=2023/9/1		
3			<=2023/4/30	<=2023/5/31	<=2023/6/30	<=2023/7/31	<=2023/8/31	<=2023/9/30		
5	GZ	銀座	¥873,000	¥1,029,100	¥671,100	¥1,464,500	¥832,500	¥915,200	¥5,785,400	20%
6	AY	青山	¥948,100	¥995,100	¥1,071,300	¥827,600	¥910,100	¥1,232,300	¥5,984,500	21%
7	DB	台場	¥946,100	¥630,300	¥566,800	¥582,700	¥516,200	¥883,600	¥4,125,700	15%
8	RP	六本木	¥887,400	¥696,000	¥697,100	¥704,300	¥1,106,000	¥4,775,700		17%
9	YK	横浜	¥600,000	¥724,200	¥775,900	¥728,400	¥656,800	¥725,500	¥4,210,800	15%
10	KK	鎌倉	¥552,800	¥272,100	¥820,600	¥554,600	¥533,600	¥758,900	¥3,492,600	12%
11		合計	¥4,807,400	¥4,346,800	¥4,602,800	¥4,862,100	¥4,134,100	¥5,621,500	¥28,374,700	100%

①

①シート「店舗・月別」のシート見出しをクリック

②セル【D5】に「=SUMIFS(売上金額,店舗,$B5,売上日,D$2,売上日,D$3)」と入力

※数式をコピーするため、セル【B5】は列を、セル【D2】とセル【D3】は行を常に固定するように複合参照にしておきます。

※セル【D5】には、通貨の表示形式が設定されています。

③セル【D5】を選択し、セル右下の■(フィルハンドル)をダブルクリック

④セル範囲【D5:D10】を選択し、セル範囲右下の■(フィルハンドル)をセル【I10】までドラッグ

②

①セル【K5】に「=J5/$J$11」と入力

※セル【K5】には、パーセントの表示形式が設定されています。

②セル【K5】を選択し、セル右下の■(フィルハンドル)をセル【K11】までドラッグ

※ブックに任意の名前を付けて保存し、閉じておきましょう。

STEP UP AGGREGATE関数

計算範囲内にエラー値があると、集計することができません。「AGGREGATE関数」を使うと、エラー値を無視して集計できます。

●AGGREGATE関数

エラー値を無視して数値を集計します。

=AGGREGATE(集計方法, オプション, 参照1, 参照2, ・・・)
                 ❶   ❷   ❸

❶集計方法
集計方法に応じて関数を1~19の番号で指定します。
- 1:AVERAGE
- 4:MAX
- 9:SUM

❷オプション
無視する値を0~7の番号で指定します。
- 5:非表示の行を無視します。
- 6:エラー値を無視します。
- 7:非表示の行とエラー値を無視します。

❸参照
参照するセル範囲を指定します。最大252個まで指定できます。

例:
エラー値を無視して、利益の平均を求めます。
※セル【E7】に「=AVERAGE(E2:E6)」と入力すると、セル範囲にエラー値があるため「#VALUE!」と表示され計算できません。

=AGGREGATE(1,6,E2:E6)

第**4**章

顧客住所録の作成

1 事例

具体的な事例をもとに、どのような顧客住所録を作成するのかを確認しましょう。

●事例

顧客住所録を作成するにあたり、複数名で入力を分担しました。しかし、表記のルールを決めずに入力したため、データを見比べると半角と全角が混在している、会社名に「(株)」と「株式会社」が混在しているなど、データ表記の整合性に問題があります。

そこで、関数を使ってデータ表記を統一し、最終的には、顧客住所録をはがき宛名印刷や宛名ラベル印刷で利用したいと考えています。

2 処理の流れ

まず、複数名で入力した顧客住所録の表記を、関数を使って統一します。

次に、重複している顧客データがあった場合は削除し、新しいシートに必要な項目だけをコピーして新しい顧客住所録を作成します。

最後に、顧客情報の漏えいを防ぐためにブックにパスワードを設定します。

表記を統一

新しい顧客住所録の作成

ブックにパスワードを設定

1 顧客住所録の問題点の確認

既存の顧客住所録の問題点を確認しましょう。

半角と全角が混在
「（株）」と「株式会社」が混在

3文字目と4文字目の間に「-（ハイフン）」がない

顧客データが重複

住所が長い
半角と全角、「-（ハイフン）」と「（ ）」が混在
姓と名の間の間隔がそろっていない

2 作成する顧客住所録の確認

作成する顧客住所録を確認しましょう。

全角に統一
「株式会社」に統一

3文字目と4文字目の間に「-（ハイフン）」を挿入

顧客番号	顧客名 （DM用）	郵便番号 （DM用）	住所1 （DM用）	住所2 （DM用）	電話番号 （DM用）	担当者名 （DM用）
1001	株式会社エス・ジェイ・エー	156-0044	東京都	世田谷区赤堤1-X-X	03-3322-XXXX	相川 萌
1002	株式会社海堂商店	157-0063	東京都	世田谷区粕谷2-X-X	03-3290-XXXX	渡部 一郎
1003	パイナップル・ビル株式会社	157-0061	東京都	世田谷区北烏山3-X-X　イオレ渋谷ビル7F	03-3300-XXXX	柳瀬 太一
1004	安光建設株式会社	158-0083	東京都	世田谷区奥沢6-X-X	03-5707-XXXX	田山 久美子
1005	株式会社ホワイトワーズ	154-0004	東京都	世田谷区太子堂5-X-X	03-3424-XXXX	石山 岳
1006	株式会社外岡製作所	606-0813	京都府	京都市左京区下鴨貴船町1-X-X	075-771-XXXX	藤本 宏
1007	株式会社ヨコハマ電機	158-0082	東京都	世田谷区等々力3-X-X　等々力南ビル3F	03-5706-XXXX	沢田 桃
1008	アリス住宅販売株式会社	154-0024	東京都	世田谷区三軒茶屋1-X-X	03-3422-XXXX	増井 正子
1009	株式会社一星堂本舗	310-0852	茨城県	水戸市笠原町1-X-X	029-243-XXXX	真行寺 久
1010	株式会社カニザワコーポレーション	154-0002	東京都	世田谷区下馬2-X-X	03-5768-XXXX	安井 さくら
1011	株式会社シルキー	154-0016	東京都	世田谷区弦巻5-X-X	03-3426-XXXX	中田 莉子
1012	株式会社水元企画	156-0055	東京都	世田谷区船橋7-X-X	03-3484-XXXX	伊藤 悠真
1013	株式会社藤堂電機商事	154-0023	東京都	世田谷区若林1-X-X	03-6675-XXXX	澤井 真治
1014	カワシタハウジング株式会社	154-0005	東京都	世田谷区三宿2-X-X　トリトンビル10F	03-3413-XXXX	平山 綾音
1015	宮澤プラス販売株式会社	330-0063	埼玉県	さいたま市浦和区高砂1-X-X	048-833-XXXX	山田 幸治
1016	株式会社パール・ビューティ	201-0005	東京都	狛江市岩戸南3-X-X	03-3489-XXXX	西田 富士夫
1017	株式会社もみじ不動産	201-0013	東京都	狛江市元和泉3-X-X	03-3489-XXXX	駒井 葵
1018	光村産業株式会社	201-0016	東京都	狛江市駒井町2-X-X　コスモビル8F	03-3430-XXXX	和泉 凛
1019	株式会社ドリームスターホームズ	260-0855	千葉県	千葉市中央区市場町1-X-X	043-227-XXXX	加藤 美紀
1020	原西工業株式会社	201-0001	東京都	狛江市西野川2-X-X	03-348X-XXXX	園田 陽太
1022	株式会社富士の井建設	111-0031	東京都	台東区千束1-X-X	03-3872-XXXX	藤田 恭一
1023	サクラ住宅株式会社	176-0002	東京都	練馬区桜台3-X-X	03-3992-XXXX	桃井 和彦

重複データを削除

住所を「住所1」と「住所2」に分割

半角に統一
区切り記号を「-（ハイフン）」に置き換え

姓と名の間を全角空白1文字に統一

POINT **顧客住所録作成時の注意点**

顧客住所録をはがき宛名印刷や宛名ラベル印刷に利用する場合、次のような点に注意して作成しましょう。

	A	B	C	D	E	F	G
1	顧客番号	顧客名	郵便番号	住所1	住所2	電話番号	担当者名
2	1001	株式会社エス・ジェイ・エー	156-0044	東京都	世田谷区赤堤1-X-X	03-3322-XXXX	相川 明
3	1002	株式会社海堂商店	157-0063	東京都	世田谷区粕谷2-X-X	03-3290-XXXX	渡部 一郎
4	1003	パイナップル・ビル株式会社	157-0061	東京都	世田谷区北烏山3-X-X　イオレ渋谷ビル7F	03-3300-XXXX	柳瀬 太一
5	1004	安光建設株式会社	158-0083	東京都	世田谷区奥沢6-X-X	03-5707-XXXX	田山 久美子
6	1005	株式会社ホワイトワーズ	154-0004	東京都	世田谷区太子堂5-X-X	03-3424-XXXX	石山 岳
7	1006	株式会社外岡製作所	606-0813	京都府	京都市左京区下鴨貴船町1-X-X	075-771-XXXX	藤本 宏
8	1007	株式会社ヨコハマ電機	158-0082	東京都	世田谷区等々力3-X-X　等々力南ビル3F	03-5706-XXXX	沢田 桃
9	1008	アリス住宅販売株式会社	154-0024	東京都	世田谷区三軒茶屋1-X-X	03-3422-XXXX	増井 正子
10	1009	株式会社一星堂本舗	310-0852	茨城県	水戸市笠原町1-X-X	029-243-XXXX	真行寺 久
11	1010	株式会社カニザワコーポレーション	154-0002	東京都	世田谷区下馬2-X-X	03-5768-XXXX	安井 さくら
12	1011	株式会社シルキー	154-0016	東京都	世田谷区弦巻5-X-X	03-3426-XXXX	中田 莉子
13	1012	株式会社水元企画	156-0055	東京都	世田谷区船橋7-X-X	03-3484-XXXX	伊藤 悠真
14	1013	株式会社藤堂電機商事	154-0023	東京都	世田谷区若林1-X-X	03-6675-XXXX	澤井 真治
15	1014	カワシタハウジング株式会社	154-0005	東京都	世田谷区三宿2-X-X　トリトンビル10F	03-3413-XXXX	平山 綾音
16	1015	宮澤プラス販売株式会社	330-0063	埼玉県	さいたま市浦和区高砂1-X-X	048-833-XXXX	山田 幸治
17	1016	株式会社パール・ビューティ	201-0005	東京都	狛江市岩戸南3-X-X	03-3489-XXXX	西田 富士夫

❶先頭行は列見出しにする
❷顧客1件分のデータを横1行に入力する
❸フィールドに同じ種類のデータを入力する
※フィールドとは、列単位で入力されている列見出しに対応したデータのことです。
❹顧客の会社名は（株）のように省略形にせず、正式名称を入力する

印刷結果の見栄えを考えて、次のような点にも配慮するとよいでしょう。
❺半角と全角の文字列が混在していると、バランスが悪くなることがあるので統一する
❻郵便番号の3文字目と4文字目の間に「-（ハイフン）」を入れて、区切りをわかりやすくする
❼住所が長い場合、適切な位置で改行されるように、住所を分割しておく

STEP 2 顧客名の表記を整える

1 顧客名の表記

B列の顧客名は、半角と全角の文字列が混在しています。すべて全角の文字列に変換して、統一しましょう。また、「(株)」と「株式会社」が混在しているので、「株式会社」に置き換えて統一します。
JIS関数とSUBSTITUTE関数を使います。

全角に変換　　　　　(株)を「株式会社」に変換

(株)ｴｽ・ｼﾞｪｲ・ｴｰ　➡　(株)エス・ジェイ・エー　➡　株式会社エス・ジェイ・エー

1 全角文字列への変換

JIS関数を使って、セル【C2】にセル【B2】の顧客名を全角に変換する数式を入力しましょう。

●セル【C2】の数式

```
= JIS(B2)
     ❶
```

❶セル【B2】の文字列を全角に変換する

» フォルダー「第4章」のブック「顧客住所録」のシート「顧客住所録」を開いておきましょう。

=JIS(B2)

①セル【C2】に「=JIS(B2)」と入力します。顧客名が全角で表示されます。

2 SUBSTITUTE関数

「SUBSTITUTE関数」を使うと、文字列内から特定の文字列を検索して、ほかの文字列に置き換えることができます。

●SUBSTITUTE関数

文字列内から特定の文字列を検索して、ほかの文字列に置き換えます。

= SUBSTITUTE（文字列, 検索文字列, 置換文字列, 置換対象）
      ❶   ❷   ❸   ❹

---

❶文字列
検索対象の文字列またはセルを指定します。

❷検索文字列
検索する文字列またはセルを指定します。

❸置換文字列
置き換える文字列またはセルを指定します。
※省略できます。省略すると❷の検索文字列を削除します。

❹置換対象
検索対象の文字列に検索文字列が複数含まれる場合、何番目を置き換えるかを数値またはセルで指定します。
※省略できます。省略すると検索されたすべての文字列が置き換わります。

例：
=SUBSTITUTE ("青森林檎農園","林檎","りんご")→青森りんご農園

---

3 文字列の置き換え

SUBSTITUTE関数を使って、「（株）」を「**株式会社**」に置き換えて統一しましょう。

●セル【C2】の数式

         ❷

= SUBSTITUTE（JIS（B2）,"（株）","株式会社"）

        ❶

❶セル【B2】の文字列を全角に変換する
❷❶で変換したセル【B2】の文字列に「（株）」が含まれる場合、「株式会社」に置き換える

=SUBSTITUTE(JIS(B2)," （株）","株式会社")

①セル【C2】の数式を「=SUBSTITUTE（JIS（B2）,"（株）","株式会社"）」に修正します。
※「（株）」の「（」「）」は全角で入力します。
「**株式会社**」に置き換わります。
②セル【C2】を選択し、セル右下の■（フィルハンドル）をダブルクリックします。
数式がコピーされます。

1 郵便番号の表記

D列の「**郵便番号**」の3文字目と4文字目の間に「**-（ハイフン）**」を挿入しましょう。
REPLACE関数を使います。

1 REPLACE関数

「**REPLACE関数**」を使うと、文字の位置と文字数を指定して、文字列の一部を別の文字に置き換えることができます。文字数の指定を省略すると、指定した位置に文字を挿入できます。

●REPLACE関数

文字列の開始位置と文字数を指定して、ほかの文字列に置き換えます。

＝REPLACE（**文字列**, **開始位置**, **文字数**, **置換文字列**）
　　　　　　　　　❶　　　　❷　　　　❸　　　　❹

---

❶文字列
文字列またはセルを指定します。

❷開始位置
❶の文字列の何文字目から置き換えるかを数値またはセルで指定します。

❸文字数
何文字分置き換えるかを数値またはセルで指定します。
※省略できます。省略すると、❷の開始位置に❹の置換文字列を挿入します。

❹置換文字列
置き換える文字列またはセルを指定します。
※省略できます。省略すると、❷の開始位置から❸の文字数分の文字を削除します。

例：
会員コードの先頭の1文字を「M」に置き換えます。

| C4 | ✓ | fx | =REPLACE(B4:B6,1,1,"M") |

▲	A	B	C	D	E
1		会員データ更新			
2					
3		現会員コード	新会員コード	氏名	備考
4		D1001	M1001	早坂　渚	デイ会員からマスター会員に変更
5		N5001	M5001	小野寺　三玖	ナイト会員からマスター会員に変更
6		H8050	M8050	五条　新一	ホリデー会員からマスター会員に変更
7					

2 「-（ハイフン）」の挿入

REPLACE関数を使って、D列の郵便番号の3桁目と4桁目の間に「-（ハイフン）」を挿入する数式を入力しましょう。

●セル【E2】の数式

$$= REPLACE(D2, 4, , "-")$$

❶セル【D2】の文字列の4文字目に「-(ハイフン)」を挿入する

①セル【E2】に「=REPLACE（D2,4,,"-"）」と入力します。

郵便番号に「-（ハイフン）」が挿入されます。

②セル【E2】を選択し、セル右下の■（フィルハンドル）をダブルクリックします。

数式がコピーされます。

STEP UP TEXTJOIN関数

「TEXTJOIN関数」を使うと、区切り文字を挿入しながら、複数の文字列をつなげて表示できます。

●TEXTJOIN関数

指定した区切り文字を挿入しながら、引数をすべてつなげた文字列にして返します。

$$= TEXTJOIN（区切り文字, 空のセルは無視, テキスト1, \cdots）$$

❶区切り文字
文字列の間に挿入する区切り文字を指定します。

❷空のセルは無視
TRUEかFALSEを指定します。

TRUE	空のセルを無視し、区切り文字は挿入しません。
FALSE	空のセルも文字列とみなし、区切り文字を挿入します。

❸テキスト1
結合する文字列を指定します。最大252個まで指定できます。

例：
「番号1」「番号2」「番号3」の間に「-（ハイフン）」を挿入してセルに表示します。

	A	B	C	D	E	F
		F3		=TEXTJOIN("-",TRUE,C3:E3)		
1		緊急連絡先				
2		氏名	番号1	番号2	番号3	電話番号
3		高坂 鈴音	080	8472	XXXX	080-8472-XXXX
4		夏目 慎一郎	090	3711	XXXX	090-3711-XXXX
5		木之本 梓	080	5802	XXXX	080-5802-XXXX
6						

2 電話番号の表記

I列の電話番号をすべて半角の文字列に変換して統一しましょう。また、「**03-3322-XXXX**」のように番号と番号の区切りを「**-（ハイフン）**」に置き換えましょう。
ASC関数とSUBSTITUTE関数を使います。

半角に変換 「-（ハイフン）」に置換

03（3322）XXXX ➡ 03（3322）XXXX ➡ 03-3322-XXXX

1 ASC関数

「**ASC関数**」を使うと、全角の英数字やカタカナを半角の文字列に変換できます。

●ASC関数

指定した文字列や、セルの全角の英数字やカタカナを半角の文字列に変換します。漢字やひらがななどの文字列は変換されません。

$$= ASC（\underset{❶}{文字列}）$$

---

❶文字列
半角にする文字列またはセルを指定します。

---

2 半角文字列への変換

ASC関数を使って、セル【J2】に、セル【I2】の電話番号を半角に変換する数式を入力しましょう。

●セル【J2】の数式

$$= \underset{❶}{ASC（I2）}$$

❶セル【I2】の文字列を半角に変換する

=ASC(I2)

①セル【J2】に「**=ASC(I2)**」と入力します。
電話番号が半角で表示されます。

STEP UP UPPER関数・LOWER関数・PROPER関数

文字列の英字を大文字や小文字に変換する関数に、UPPER関数・LOWER関数・PROPER関数があります。
「UPPER関数」を使うと、文字列の英字を大文字に変換できます。
「LOWER関数」を使うと、文字列の英字を小文字に変換できます。
「PROPER関数」を使うと、文字列の英単語の先頭を大文字に、2文字目以降を小文字に変換できます。

● UPPER関数

文字列に含まれる英字をすべて大文字に変換します。

$$= UPPER(\underset{❶}{文字列})$$

❶文字列
対象の文字列またはセルを指定します。

例：
=UPPER("Microsoft Excel 2021")→MICROSOFT EXCEL 2021

● LOWER関数

文字列に含まれる英字をすべて小文字に変換します。

$$= LOWER(\underset{❶}{文字列})$$

❶文字列
対象の文字列またはセルを指定します。

例：
=LOWER("Microsoft Excel 2021")→microsoft excel 2021

● PROPER関数

文字列内の英単語の先頭文字を大文字にし、2文字目以降を小文字に変換します。

$$= PROPER(\underset{❶}{文字列})$$

❶文字列
対象の文字列またはセルを指定します。

例：
=PROPER("MICROSOFT EXCEL 2021")→Microsoft Excel 2021

1

2

3

4

5

6

7

参考学習

総合問題

付録

索引

3 区切り記号の置き換え

SUBSTITUTE関数を2つ組み合わせて、セル【J2】の電話番号の「(」「)」を「-(ハイフン)」に置き換えるように数式を編集しましょう。

●セル【J2】の数式

```
= SUBSTITUTE(SUBSTITUTE(ASC(I2),"(","-"),")","-")
```

❸
❷
❶

❶セル【I2】の文字列を半角に変換する
❷❶で変換したセル【I2】の文字列に「(」が含まれる場合、「-」に置き換える
❸❷で置き換えたセル【I2】の文字列に「)」が含まれる場合、「-」に置き換える

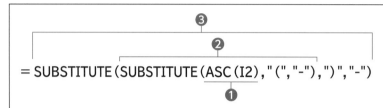

①セル【J2】の数式を「=SUBSTITUTE(SUBSTITUTE(ASC(I2),"(","-"),")","-")」に修正します。

※「(」「)」は半角で入力します。

「(」「)」が「-(ハイフン)」に置き換わります。

②セル【J2】を選択し、セル右下の■(フィルハンドル)をダブルクリックします。

数式がコピーされます。

POINT ウィンドウ枠の固定

シート「顧客住所録」は、A~B列と1行目が固定されています。「ウィンドウ枠の固定」を使うと、行の左側や列の上側を固定できます。大きな表でシートをスクロールすると、表の項目名が隠れてしまい、データの入力や参照などの操作が難しくなることがあります。そのような場合、ウィンドウ枠を固定しておくと、固定した行や列に、常に表の項目名などを表示しておけるので、操作しやすくなります。
ウィンドウ枠を固定する方法は、次のとおりです。

行を固定する

◆固定する行を表示→固定する行の下側の行を選択→《表示》タブ→《ウィンドウ》グループの [ウィンドウ枠の固定▼] (ウィンドウ枠の固定)→《ウィンドウ枠の固定》

列を固定する

◆固定する列を表示→固定する列の右側の列を選択→《表示》タブ→《ウィンドウ》グループの [ウィンドウ枠の固定▼] (ウィンドウ枠の固定)→《ウィンドウ枠の固定》

行と列を固定する

◆固定する行と列を表示→固定する行の下側の行と、固定する列の右側の列が交わるセルを選択→《表示》タブ→《ウィンドウ》グループの [ウィンドウ枠の固定▼] (ウィンドウ枠の固定)→《ウィンドウ枠の固定》

また、ウィンドウ枠の固定を解除する方法は、次のとおりです。
◆《表示》タブ→《ウィンドウ》グループの [ウィンドウ枠の固定▼] (ウィンドウ枠の固定)→《ウィンドウ枠固定の解除》

STEP 4 担当者名の表記を整える

1 担当者名の表記

K列の担当者名の姓と名の間には空白が入力されています。空白は半角と全角が混在しており、空白の文字数も異なるので間隔がそろっていません。
不要な空白は削除し、全角1文字分の空白に統一しましょう。
JIS関数とTRIM関数を使います。

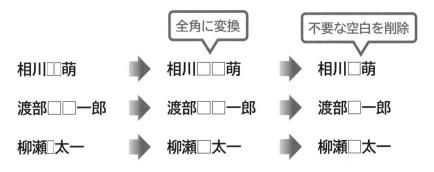

1 全角文字列への変換

JIS関数を使って、セル【L2】に、セル【K2】の担当者名の空白を全角に変換する数式を入力しましょう。

●セル【L2】の数式

= JIS(K2)
　　　①

①セル【K2】の文字列を全角に変換する

=JIS(K2)

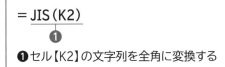

	A	B	J	K	L
1	顧客番号	顧客名	電話番号 (DM用)	担当者名	担当者名 (DM用)
2	1001	(株)エス・ジェイ・エー	03-3322-XXXX	相川 萌	相川　萌
3	1002	(株)海堂商店	03-3290-XXXX	渡部　一郎	
4	1003	パイナップル・ビル(株)	03-3300-XXXX	柳瀬 太一	
5	1004	安光建設（株）	03-5707-XXXX	田山 久美子	
6	1005	株式会社ホワイトワーズ	03-3424-XXXX	石山 岳	
7	1006	(株)外岡製作所	075-771-XXXX	藤本 宏	
8	1007	（株）ヨコハマ電機	03-5706-XXXX	沢田　桃	
9	1008	アリス住宅販売(株)	03-3422-XXXX	増井 正子	
10	1009	(株)一星堂本舗	029-243-XXXX	真行寺 久	
11	1010	（株）カニザワコーポレーション	03-5768-XXXX	安井 さくら	
12	1011	(株)シルキー	03-3426-XXXX	中田 莉子	
13	1012	(株)水元企画	03-3484-XXXX	伊藤 悠真	
14	1013	（株）藤堂電機商事	03-6675-XXXX	澤井　真治	
15	1014	カワシタハウジング(株)	03-3413-XXXX	平山　綾音	
16	1015	宮澤プラス販売(株)	048-833-XXXX	山田 幸治	

顧客住所録　(新)顧客住所録　⊕

①セル【L2】に「=JIS(K2)」と入力します。半角の空白2文字が全角で表示されます。

2 TRIM関数

「TRIM関数」を使うと、文字列内の不要な空白を削除できます。

●TRIM関数

文字列の先頭や末尾に挿入された空白をすべて削除します。
文字列内に空白が連続して含まれている場合、単語間の空白をひとつずつ残して余分な空白を削除します。

$$= TRIM (\underbrace{\textbf{文字列}}_{❶})$$

---

❶文字列
文字列またはセルを指定します。空白が連続して入力されている場合は、全角と半角に関係なく前にある空白が残ります。
例：
=TRIM("␣りんご␣␣みかん")→りんご␣みかん
※␣は半角空白を表します。

---

3 不要な空白の削除

TRIM関数を使って、セル【L2】の担当者名の不要な空白が削除されるように数式を編集しましょう。

●セル【L2】の数式

$$= \overset{❷}{\overbrace{TRIM (JIS (K2))}^{}}$$
$$\underbrace{}_{❶}$$

❶セル【K2】の文字列を全角に変換する
❷❶で変換したセル【K2】の文字列の不要な空白を削除する

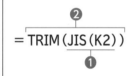

①セル【L2】の数式を「=TRIM(JIS(K2))」に修正します。
全角1文字分の空白になります。
②セル【L2】を選択し、セル右下の■（フィルハンドル）をダブルクリックします。
数式がコピーされます。

STEP 5 住所を分割する

1 都道府県名の取り出し

F列の住所から都道府県名だけを取り出します。住所から都道府県名を取り出す場合、「県」の位置に注目します。都道府県の中で「県」の位置が4文字目なのは、神奈川県、和歌山県、鹿児島県だけで、ほかの都道府県はすべて3文字目です。

住所の4文字目が「県」であれば住所の左端から4文字を取り出し、4文字目が「県」でない場合は、住所の左端から3文字を取り出すことで、都道府県名だけ取り出せます。

> 4文字目が「県」なので
> 4文字取り出す
>
> 神奈川県横浜市…
> 1 2 3 4

> 4文字目が「県」ではない
> ので3文字取り出す
>
> 神奈川港区…
> 1 2 3 4

MID関数、LEFT関数、IF関数を使って、G列にF列の住所から都道府県名を取り出す数式を入力しましょう。

●セル【G2】の数式

$$
= \text{IF}(\underset{❶}{\text{MID}(\text{F2},4,1)} = "県", \underset{❷}{\text{LEFT}(\text{F2},4)}, \underset{❸}{\text{LEFT}(\text{F2},3)})
$$
❹

❶セル【F2】の住所の4文字目から1文字を取り出す
❷セル【F2】の住所の左端から4文字を取り出す
❸セル【F2】の住所の左端から3文字を取り出す
❹❶の文字列が「県」であれば、❷の結果を表示し、そうでなければ❸の結果を表示する

=IF(MID(F2,4,1)="県",LEFT(F2,4),LEFT(F2,3))

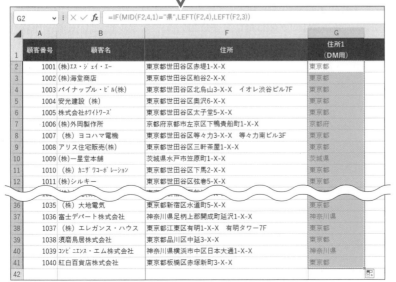

	A	B	F	G
	G2 ✓ : × ✓ fx =IF(MID(F2,4,1)="県",LEFT(F2,4),LEFT(F2,3))			
1	顧客番号	顧客名	住所	住所1（DM用）
2	1001	(株)エス・ジェイ・エー	東京都世田谷区赤堤1-X-X	東京都
3	1002	(株)海堂商店	東京都世田谷区粕谷2-X-X	東京都
4	1003	パイナップル・ビル(株)	東京都世田谷区北烏山3-X-X　イオレ渋谷ビル7F	東京都
5	1004	安光建設（株）	東京都世田谷区奥沢6-X-X	東京都
6	1005	株式会社ホワイトワーズ	東京都世田谷区太子堂5-X-X	東京都
7	1006	(株)外岡製作所	京都府京都市左京区下鴨貴船町1-X-X	京都府
8	1007	（株）ヨコハマ電機	東京都世田谷区等々力3-X-X　等々力南ビル3F	東京都
9	1008	アリス住宅販売(株)	東京都世田谷区三軒茶屋1-X-X	東京都
10	1009	(株)一星堂本舗	茨城県水戸市笠原町1-X-X	茨城県
11	1010	（株）カニザクコーポレーション	東京都世田谷区下馬2-X-X	東京都
12	1011	（株）シルキー	東京都世田谷区弦巻5-X-X	東京都
36	1035	（株）大地電気	東京都新宿区水道町5-X-X	東京都
37	1036	富士デパート株式会社	神奈川県足柄上郡開成町延沢1-X-X	神奈川県
38	1037	（株）エレガンス・ハウス	東京都江東区有明1-X-X　有明タワー7F	東京都
39	1038	須磨鳥居株式会社	東京都品川区中延3-X-X	東京都
40	1039	コンビニエンス・エム株式会社	神奈川県横浜市中区日本大通1-X-X	神奈川県
41	1040	紅白百貨店株式会社	東京都板橋区赤塚新町3-X-X	東京都
42				

①セル【G2】に「=IF(MID(F2,4,1)="県",LEFT(F2,4),LEFT(F2,3))」と入力します。
都道府県名が表示されます。
②セル【G2】を選択し、セル右下の■（フィルハンドル）をダブルクリックします。
数式がコピーされます。

2 都道府県名以外の住所の取り出し

F列の住所から都道府県名以外の住所を取り出しましょう。
RIGHT関数とLEN関数を使います。

1 LEN関数

「LEN関数」を使うと、指定した文字列の文字数を求めることができます。

● LEN関数

指定した文字列の文字数を返します。全角半角に関係なく1文字を1と数えます。

$$= LEN（文字列）$$

❶

---

❶ 文字列
文字列またはセルを指定します。数字や記号、空白、句読点なども文字列に含まれます。

例:
=LEN（"神奈川県川崎市幸区大宮町1-5"）→15

---

2 都道府県名以外の住所の取り出し

RIGHT関数とLEN関数を使って、H列にF列の都道府県名以外の住所を取り出す数式を入力しましょう。

LEN関数を使って、住所全体と都道府県名の文字数を数え、RIGHT関数を使って、**「住所全体の文字数－都道府県名の文字数」**で求められる文字数分の文字を住所の右端から取り出します。

● セル【H2】の数式

❸

$$= RIGHT（F2, LEN（F2）－LEN（G2））$$

❶　　　　　❷

❶ セル【F2】の住所全体の文字数を求める
❷ セル【G2】の都道府県名の文字数を求める
❸「❶で求めた文字数－❷で求めた文字数」で求められる文字数分の文字をセル【F2】の右端から取り出す

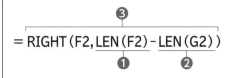

=RIGHT(F2,LEN(F2)-LEN(G2))

①セル【H2】に「=RIGHT（F2,LEN（F2）－LEN（G2））」と入力します。
都道府県名以外の住所が表示されます。
②セル【H2】を選択し、セル右下の■（フィルハンドル）をダブルクリックします。
数式がコピーされます。

第4章 顧客住所録の作成

STEP UP FIND関数・SEARCH関数

「FIND関数」と「SEARCH関数」は、検索する文字列が何番目にあるかを求める関数です。
FIND関数では英字の大文字と小文字は区別されますが、SEARCH関数は区別されません。
また、SEARCH関数では検索文字列に「?」「＊（アスタリスク）」などのワイルドカード文字を指定できます。

● FIND関数

対象から検索文字列を検索し、最初に現れる位置が先頭から何番目かを返します。
英字の大文字と小文字は区別されます。

$$=FIND(\underset{❶}{検索文字列}, \underset{❷}{対象}, \underset{❸}{開始位置})$$

---

❶ 検索文字列
検索する文字列またはセルを指定します。

❷ 対象
検索対象となる文字列またはセルを指定します。

❸ 開始位置
検索を開始する位置を数値またはセルで指定します。数値は対象の先頭を1文字目として文字単位で指定します。
※「1」は省略できます。省略すると、先頭の文字から検索を開始します。

例：
=FIND("e","Excel")→4

● SEARCH関数

対象から検索文字列を検索し、最初に現れる位置が先頭から何番目かを返します。
英字の大文字と小文字は区別されません。

$$=SEARCH(\underset{❶}{検索文字列}, \underset{❷}{対象}, \underset{❸}{開始位置})$$

---

❶ 検索文字列
検索する文字列またはセルを指定します。
※検索文字列にワイルドカード文字を使えます。

❷ 対象
検索対象となる文字列またはセルを指定します。

❸ 開始位置
検索を開始する位置を数値またはセルで指定します。数値は対象の先頭を1文字目として文字単位で指定します。
※「1」は省略できます。省略すると、先頭の文字から検索を開始します。

例：
=SEARCH("e","Excel")→1

STEP UP 担当者名を姓と名に分割する

担当者名の姓と名の間の空白の文字数が統一できていれば、空白の位置を利用して、姓と名を2列に分けることができます。空白の位置をFIND関数を使って求め、空白より左の文字列を「姓」、空白より右の文字列を「名」の列にそれぞれ取り出します。空白より左の文字列は、LEFT関数を使って取り出します。空白より右の文字列は、RIGHT関数を使って取り出します。

● 姓と名を分割する場合

	A	B	C	D
1	担当者名	担当者名 （DM用）	姓	名
2	浅倉　律子	浅倉　律子	浅倉●	律子●
3	柏木　　真	柏木　真	柏木	真
4	関　くるみ	関　くるみ	関	くるみ
5	森久保　大吾	森久保　大吾	森久保	大吾
6	真中 美羽	真中　美羽	真中	美羽

=RIGHT(B2,LEN(B2)-FIND(" ",B2))

=LEFT(B2,FIND(" ",B2)-1)

● セル【C2】の数式

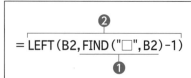

❶セル【B2】の全角の空白までの文字数を求める
※□は全角の空白を表します。

❷「❶で求めた文字数-空白の文字数（1文字）」で求められる文字数分の文字列をセル【B2】の左端から取り出す

● セル【D2】の数式

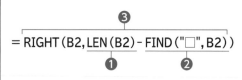

❶セル【B2】の文字数を求める
❷セル【B2】の全角の空白までの文字数を求める
※□は全角の空白を表します。

❸「❶で求めた文字数-❷で求めた文字数」で求められる文字数分の文字列をセル【B2】の右端から取り出す

※FIND関数の代わりに、SEARCH関数を使っても同様の結果が求められます。

STEP 6 重複データを削除する

1 重複データの表示

C列に同じ顧客名が入力されていないかを確認します。
「条件付き書式」を使うと、重複データが存在する場合、そのセルに特定の書式を設定して確認することができます。
C列の重複している顧客名に色を付けましょう。

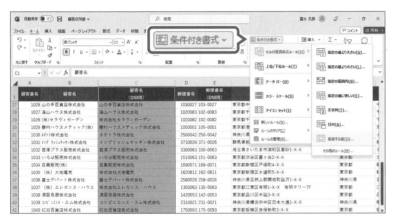

①列番号【C】をクリックします。
②**《ホーム》**タブを選択します。
③**《スタイル》**グループの [条件付き書式 ▼]（条件付き書式）をクリックします。
④**《セルの強調表示ルール》**をポイントします。
⑤**《重複する値》**をクリックします。

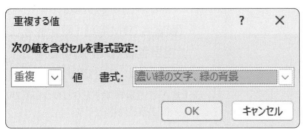

《重複する値》ダイアログボックスが表示されます。

⑥**《次の値を含むセルを書式設定》**の左側のボックスが**《重複》**になっていることを確認します。
⑦**《書式》**の ▼ をクリックし、一覧から任意の色を選択します。
⑧**《OK》**をクリックします。

重複データに書式が設定されます。

※任意のセルをクリックし、選択を解除しておきましょう。
※「株式会社藤堂電機商事」と「宮澤プラス販売株式会社」が重複しています。それぞれ住所や電話番号、担当者名が同じであることを確認しておきましょう。

	A	B	C	D	E	F
1	顧客番号	顧客名	顧客名（DM用）	郵便番号	郵便番号（DM用）	住所
13	1012	(株)水元企画	株式会社水元企画	1560055	156-0055	東京都世田谷区船橋7-X-X
14	1013	(株)藤堂電機商事	株式会社藤堂電機商事	1540023	154-0023	東京都世田谷区若林1-X-X
15	1014	カウシタハウジング(株)	カウシタハウジング株式会社	1540005	154-0005	東京都世田谷区三軒2-X-X　トリトンビル10F
16	1015	宮澤プラス販売(株)	宮澤プラス販売株式会社	3300063	330-0063	埼玉県さいたま市浦和区高砂1-X-X
17	1016	(株)パール・ビューティ	株式会社パール・ビューティ	2010005	201-0005	東京都狛江市岩戸南3-X-X
18	1017	(株)もみじ不動産	株式会社もみじ不動産	2010013	201-0013	東京都狛江市元和泉3-X-X
19	1018	光村産業(株)	光村産業株式会社	2010016	201-0016	東京都狛江市駒井町2-X-X　コスモビル8F
20	1019	(株)ドリームスターホームズ	株式会社ドリームスターホームズ	2600855	260-0855	千葉県千葉市中央区市場町1-X-X
21	1020	原西工業(株)	原西工業株式会社	2010001	201-0001	東京都狛江市西野川2-X-X
22	1021	(株)藤堂電機商事	株式会社藤堂電機商事	1540023	154-0023	東京都世田谷区若林1-X-X
23	1022	(株)富士の井建設	株式会社富士の井建設	1110031	111-0031	東京都台東区千束1-X-X
24	1023	サクラ住宅株式会社	サクラ住宅株式会社	1760002	176-0002	東京都練馬区桜台3-X-X
25	1024	株式会社安達ガーデン	株式会社安達ガーデン	1310033	131-0033	東京都墨田区向島1-X-X
26	1025	マーメイド・ジャパン(株)	マーメイド・ジャパン株式会社	1080075	108-0075	東京都港区港南5-X-X
27	1026	山の手百貨店株式会社	山の手百貨店株式会社	1030027	103-0027	東京都中央区日本橋1-X-X
28	1027	海山ハウス株式会社	海山ハウス株式会社	1020083	102-0083	東京都千代田区麹町3-X-X
29	1028	(株)セラヴィガーデン	株式会社セラヴィガーデン	1020082	102-0082	東京都千代田区一番町5-X-X
30	1029	藤村ハウスメティック(株)	藤村ハウスメティック株式会社	1050001	105-0001	東京都港区虎ノ門4-X-X
31	1030	ネオトラ株式会社	ネオトラ株式会社	2500042	250-0042	神奈川県小田原市荻窪4-X-X
32	1031	イングリッシュキッチン株式会社	イングリッシュキッチン株式会社	3710026	371-0026	群馬県前橋市大手町1-X-X
33	1032	宮澤プラス販売株式会社	宮澤プラス販売株式会社	3300063	330-0063	埼玉県さいたま市浦和区高砂1-X-X
34	1033	いろは販売株式会社	いろは販売株式会社	1510063	151-0063	東京都渋谷区富ヶ谷2-X-X

111

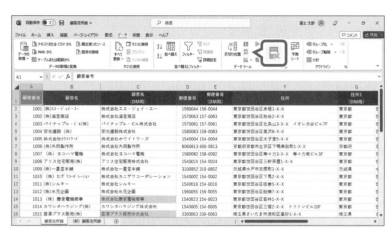

2 重複データの削除

「重複の削除」を使うと、表内の行を比較して、重複しているデータの行を削除できます。
「顧客名（DM用）」「電話番号（DM用）」「担当者名（DM用）」を比較して、重複しているデータを削除しましょう。

①セル【A1】をクリックします。

※表内のセルであれば、どこでもかまいません。

②《データ》タブを選択します。

③《データツール》グループの 🔲（重複の削除）をクリックします。

《重複の削除》ダイアログボックスが表示されます。

④《先頭行をデータの見出しとして使用する》を ☑ にします。

比較する項目を選択します。

⑤《顧客名（DM用）》《電話番号（DM用）》《担当者名（DM用）》を ☑、それ以外の項目を ☐ にします。

※《すべて選択解除》をクリックしてから項目を ☑ にすると効率的です。

⑥《OK》をクリックします。

⑦メッセージを確認し、《OK》をクリックします。

※お使いの環境によっては、メッセージの内容が異なる場合があります。

重複しているデータが削除されます。

※顧客番号「1021」と「1032」のデータが削除されます。

POINT 重複の確認

重複の削除を実行すると、重複しているデータがすぐに削除され、どの行が削除されたかを確認できません。どのデータが重複しているかを確認したい場合は、「条件付き書式」で重複する値を確認しておくとよいでしょう。

POINT 《重複の削除》ダイアログボックス

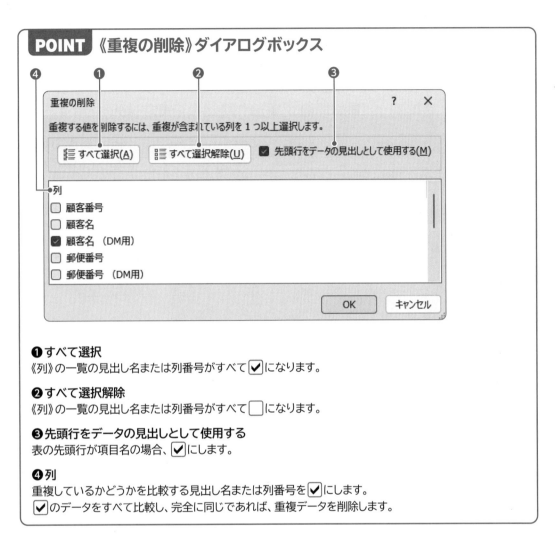

❶**すべて選択**
《列》の一覧の見出し名または列番号がすべて☑になります。

❷**すべて選択解除**
《列》の一覧の見出し名または列番号がすべて☐になります。

❸**先頭行をデータの見出しとして使用する**
表の先頭行が項目名の場合、☑にします。

❹**列**
重複しているかどうかを比較する見出し名または列番号を☑にします。
☑のデータをすべて比較し、完全に同じであれば、重複データを削除します。

1 値と書式の貼り付け

はがき宛名印刷や宛名ラベル印刷などで利用できるように、シート「(新)顧客住所録」に各項目をコピーして新しい顧客住所録を作成しましょう。

数式が入っているセルは、値に置き換えて貼り付けます。

また、シート「顧客住所録」の罫線や列幅などの書式も貼り付けます。

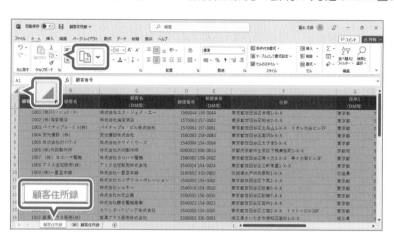

①シート「**顧客住所録**」がアクティブシートになっていることを確認します。

② ◢ をクリックします。

シート全体が選択されます。

③《**ホーム**》タブを選択します。

④《**クリップボード**》グループの 🖺 (コピー)をクリックします。

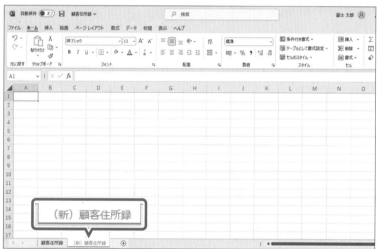

⑤シート「**(新)顧客住所録**」のシート見出しをクリックします。

⑥セル【**A1**】をクリックします。

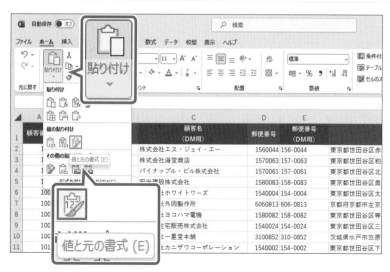

⑦《**クリップボード**》グループの 🖺 (貼り付け) の 貼り付け をクリックします。

⑧《**値の貼り付け**》の 📋 (値と元の書式)をクリックします。

データの値と書式が貼り付けられます。

	A	B	C	D	E	
1	顧客番号	顧客名	顧客名 (DM用)	郵便番号	郵便番号 (DM用)	
2	1001	(株)ｴｽ・ｼﾞｪｲ・ｴｰ	株式会社エス・ジェイ・エー	1560044	156-0044	東京都世田谷
3	1002	(株)海堂商店	株式会社海堂商店	1570063	157-0063	東京都世田谷
4	1003	パイナップル・ビル(株)	パイナップル・ビル株式会社	1570061	157-0061	東京都世田谷
5	1004	安光建設（株)	安光建設株式会社	1580083	158-0083	東京都世田谷
6	1005	株式会社ﾎﾜｲﾄﾜｰｽﾞ	株式会社ホワイトワーズ	1540004	154-0004	東京都世田谷
7	1006	(株)外岡製作所	株式会社外岡製作所	6060813	606-0813	京都府京都市
8	1007	（株）ヨコハマ電機	株式会社ヨコハマ電機	1580082	158-0082	東京都世田谷
9	1008	アリス住宅販売(株)	アリス住宅販売株式会社	1540024	154-0024	東京都世田谷
10	1009	(株)一星堂本舗	株式会社一星堂本舗	3100852	310-0852	茨城県水戸市
11	1010	（株）ｶﾆｻﾞﾜｺｰﾎﾟﾚｰｼｮﾝ	株式会社カニザワコーポレーション	1540002	154-0002	東京都世田谷
12	1011	(株)シルキー	株式会社シルキー	1540016	154-0016	東京都世田谷
13	1012	(株)水元企画	株式会社水元企画	1560055	156-0055	東京都世田谷
14	1013	（株）藤堂電機商事	株式会社藤堂電機商事	1540023	154-0023	東京都世田谷
15	1014	カワシタハウジング(株)	カワシタハウジング株式会社	1540005	154-0005	東京都世田谷
16	1015	宮澤プラス販売(株)	宮澤プラス販売株式会社	3300063	330-0063	埼玉県さいた

顧客住所録 （新）顧客住所録 ⊕

数式が値になっていることを確認します。

⑨セル【C2】をクリックします。

※その他のセルの数式も、値になっていることを
　確認しておきましょう。

C2 ✕ ✓ fx 株式会社エス・ジェイ・エー

	A	B	C	D	E	
1	顧客番号	顧客名	顧客名 (DM用)	郵便番号	郵便番号 (DM用)	
2	1001	(株)ｴｽ・ｼﾞｪｲ・ｴｰ	株式会社エス・ジェイ・エー	1560044	156-0044	東京都世田谷
3	1002	(株)海堂商店	株式会社海堂商店	1570063	157-0063	東京都世田谷
4	1003	パイナップル・ビル(株)	パイナップル・ビル株式会社	1570061	157-0061	東京都世田谷
5	1004	安光建設（株)	安光建設株式会社	1580083	158-0083	東京都世田谷
6	1005	株式会社ﾎﾜｲﾄﾜｰｽﾞ	株式会社ホワイトワーズ	1540004	154-0004	東京都世田谷
7	1006	(株)外岡製作所	株式会社外岡製作所	6060813	606-0813	京都府京都市
8	1007	（株）ヨコハマ電機	株式会社ヨコハマ電機	1580082	158-0082	東京都世田谷
9	1008	アリス住宅販売(株)	アリス住宅販売株式会社	1540024	154-0024	東京都世田谷
10	1009	(株)一星堂本舗	株式会社一星堂本舗	3100852	310-0852	茨城県水戸市
11	1010	（株）ｶﾆｻﾞﾜｺｰﾎﾟﾚｰｼｮﾝ	株式会社カニザワコーポレーション	1540002	154-0002	東京都世田谷
12	1011	(株)シルキー	株式会社シルキー	1540016	154-0016	東京都世田谷
13	1012	(株)水元企画	株式会社水元企画	1560055	156-0055	東京都世田谷
14	1013	（株）藤堂電機商事	株式会社藤堂電機商事	1540023	154-0023	東京都世田谷
15	1014	カワシタハウジング(株)	カワシタハウジング株式会社	1540005	154-0005	東京都世田谷
16	1015	宮澤プラス販売(株)	宮澤プラス販売株式会社	3300063	330-0063	埼玉県さいた

顧客住所録 （新）顧客住所録 ⊕

STEP UP その他の方法（値と元の書式の貼り付け）

◆コピー元のセルを選択→《ホーム》タブ→《クリップボード》グループの [▣] (コピー) →コピー先のセルを選択
→《クリップボード》グループの [▣] (貼り付け) → [▣(Ctrl)▾] (貼り付けのオプション) →《値の貼り付け》の [▨]
(値と元の書式)

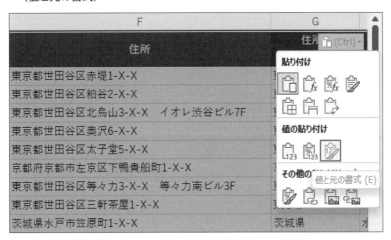

2 不要な列の削除

シート「（新）顧客住所録」から不要な列（B列、D列、F列、I列、K列）を削除しましょう。

①列番号【B】【D】【F】【I】【K】を選択します。

※2列目以降は Ctrl を押しながら選択します。

②選択した列番号を右クリックします。

※選択した列であれば、どの列番号でもかまいません。

③《削除》をクリックします。

	A	B	C	D	E
1	顧客番号	顧客名 （DM用）	郵便番号 （DM用）	住所1 （DM用）	住所2 （DM用）
2	1001	株式会社エス・ジェイ・エー	156-0044	東京都	世田谷区赤堤1-X-X
3	1002	株式会社海堂商店	157-0063	東京都	世田谷区粕谷2-X-X
4	1003	パイナップル・ビル株式会社	157-0061	東京都	世田谷区北烏山3-X-X　イオレ渋谷
5	1004	安光建設株式会社	158-0083	東京都	世田谷区奥沢6-X-X
6	1005	株式会社ホワイトワーズ	154-0004	東京都	世田谷区太子堂5-X-X
7	1006	株式会社外岡製作所	606-0813	京都府	京都市左京区下鴨貴船町1-X-X
8	1007	株式会社ヨコハマ電機	158-0082	東京都	世田谷区等々力3-X-X　等々力南ビ
9	1008	アリス住宅販売株式会社	154-0024	東京都	世田谷区三軒茶屋1-X-X
10	1009	株式会社一星堂本舗	310-0852	茨城県	水戸市笠原町1-X-X
11	1010	株式会社カニザワコーポレーション	154-0002	東京都	世田谷区下馬2-X-X
12	1011	株式会社シルキー	154-0016	東京都	世田谷区弦巻5-X-X
13	1012	株式会社水元企画	156-0055	東京都	世田谷区船橋7-X-X
14	1013	株式会社藤堂電機商事	154-0023	東京都	世田谷区若林1-X-X
15	1014	カワシタハウジング株式会社	154-0005	東京都	世田谷区三宿2-X-X　トリトンビル
16	1015	宮澤プラス販売株式会社	330-0063	埼玉県	さいたま市浦和区高砂1-X-X

顧客住所録　（新）顧客住所録　⊕

列が削除されます。

※任意のセルをクリックし、選択を解除しておきましょう。

ブックにパスワードを設定する

1 ブックのパスワードの設定

顧客住所録には、顧客の住所や電話番号、担当者名などの重要な情報が含まれています。顧客情報の漏えいを防ぐために、ブックにパスワードを設定しましょう。

ブックにパスワードを設定して保存すると、パスワードを知っているユーザーだけがブックを操作できるので、機密性を保つことができます。

ブックのパスワードには、次の2種類があります。

●読み取りパスワード

パスワードを知っているユーザーだけがブックを開くことができます。

●書き込みパスワード

パスワードを知っているユーザーだけがブックを開いて編集し、上書き保存できます。

開いているブック**「顧客住所録」**に読み取りパスワードを設定し、**「新顧客住所録」**という名前で保存しましょう。

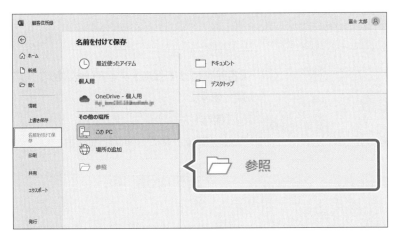

①《ファイル》タブを選択します。
②《名前を付けて保存》をクリックします。
③《参照》をクリックします。

《名前を付けて保存》ダイアログボックスが表示されます。

④フォルダー**「第4章」**を開きます。

※《ドキュメント》→「Excel関数テクニック2021／365」→「第4章」を選択します。

⑤《ファイル名》に**「新顧客住所録」**と入力します。

⑥《ツール》をクリックします。

⑦《全般オプション》をクリックします。

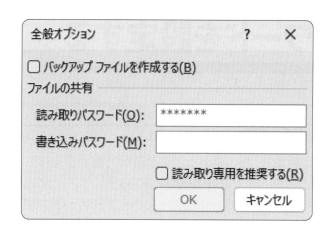

《全般オプション》ダイアログボックスが表示されます。

ブックを開くときのパスワードを設定します。

⑧《読み取りパスワード》に「kokyaku」と入力します。

※パスワードは、大文字と小文字が区別されます。注意して入力しましょう。

※入力したパスワードは「＊（アスタリスク）」で表示されます。

⑨《OK》をクリックします。

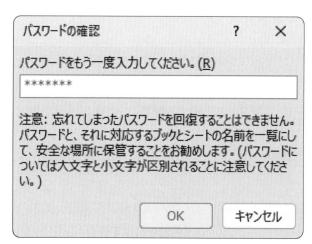

《パスワードの確認》ダイアログボックスが表示されます。

⑩《パスワードをもう一度入力してください。》に「kokyaku」と入力します。

⑪《OK》をクリックします。

《名前を付けて保存》ダイアログボックスに戻ります。

⑫《保存》をクリックします。

※次の操作のために、ブックを閉じておきましょう。

Let's Try
ためしてみよう

読み取りパスワードを設定したブック「新顧客住所録」を開きましょう。

Answer
Let's Try

①《ファイル》タブを選択
②《開く》をクリック
③《参照》をクリック
④フォルダー「第4章」を開く
※《ドキュメント》→「Excel関数テクニック2021／365」→「第4章」を選択します。
⑤一覧から「新顧客住所録」を選択
⑥《開く》をクリック
⑦《パスワード》に「kokyaku」と入力
⑧《OK》をクリック

※ブックを閉じておきましょう。

POINT **《全般オプション》ダイアログボックス**

ブックを開くときの読み取りパスワードや、変更内容を上書き保存するときの書き込みパスワードを設定します。また、バックアップファイルを作成したり、読み取り専用を推奨したりするように設定できます。

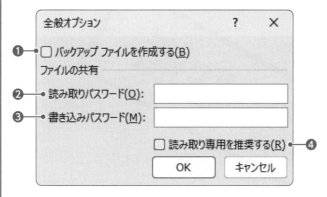

❶ バックアップファイルを作成する
保存するたびに、ブックのコピーを作成します。

❷ 読み取りパスワード
パスワードを知っているユーザーだけがブックを開くことができるように、パスワードを設定します。

❸ 書き込みパスワード
パスワードを知っているユーザーだけがブックを開いて上書き保存できるように、パスワードを設定します。書き込みパスワードを知らない場合でも、読み取り専用でブックを開くことはできますが、上書き保存することはできません。

❹ 読み取り専用を推奨する
ブックを開くときに、読み取り専用で開くように推奨するメッセージが表示されます。

STEP UP ブックのパスワードの解除

ブックに設定したパスワードを解除する方法は、次のとおりです。

◆《ファイル》タブ→《名前を付けて保存》→《参照》→《ツール》→《全般オプション》→《読み取りパスワード》または《書き込みパスワード》のパスワードを削除→《OK》→《保存》

STEP UP 重要データの取り扱い

住所録には、個人のプライバシーに関わる重要な情報が含まれています。

このような個人情報は、外部に漏えいして悪用されないように、担当者だけがアクセスできるような安全な場所に保管したり、パスワードを設定したりして厳重に管理する必要があります。

また、データだけではなく、印刷物にも配慮が必要です。できるだけ印刷は控え、どうしても印刷する必要がある場合は、「取扱注意」「CONFIDENTIAL」「持ち出し厳禁」などの文字を画像にして透かしとして設定しておくとよいでしょう。

印刷時に透かしが入るように設定する方法は、次のとおりです。

◆《挿入》タブ→《テキスト》グループの □ (ヘッダーとフッター) →ヘッダーまたはフッターのボックスをクリック→《ヘッダーとフッター》タブ→《ヘッダー/フッター要素》グループの □ (図)→《ファイルから》の《参照》→ファイルの場所を選択→一覧から画像を選択→《挿入》

※挿入した画像を確認するには、ヘッダーまたはフッターのボックス以外をクリックします。

※透かしに設定する画像は、別途用意しておく必要があります。

第 5 章

賃金計算書の作成

1 賃金計算書

一般的に、正社員として企業に雇用されている場合は、企業の就業規則によって1日の労働時間や月の就業日数が決められており、月給制で給与が支給されます。パートタイマーやアルバイトなどは、1日の労働時間や月の就業日数が固定でないことから、時給制または日給制で給与が支給されます。

時給制で給与が支給される場合は、複雑な集計処理が必要になります。手作業で集計処理を行うと手間や時間がかかりますが、Excelを使うと簡単に、正確に集計できます。

例えば、Excelで1か月分の賃金計算書を作成すれば、タイムカードで打刻された時間を転記するだけで、労働時間や賃金が計算され支給額を集計できます。

さらに、単に労働時間を計算するだけでなく、就業規則に従って実働時間を算出したり、残業時間を算出したりすることもできます。

また、賃金以外に支給される交通費や日当などがある場合もまとめて管理できます。

賃金計算書（パートタイマー用）

オレンジの網かけ部分を入力

年	月	開始日	～	締め日	従業員番号	氏名		フリガナ
2023	8	2023/8/1	～	2023/8/31	P0124	大西　真紀子		オオニシ　マキコ

時間区分		時給	実働時間	小計	交通費/日	出勤日数		交通費
	時間内	¥1,600	107.8h	¥172,480	¥740	15日		¥11,100
	時間外	¥2,000	5.8h	¥11,600	支給総額			
	合計		113.6h	¥184,080	¥195,180			

日付	出勤/休暇	タイムカード打刻			実働時刻			実働時間		
		出勤	～	退勤	出勤	～	退勤	実働合計	時間内	時間外
1(火)	出勤	9:01	～	18:11	9:01	～	18:11	8:10	8:00	0:10
2(水)	休暇									
3(木)	出勤	8:26	～	18:30	9:00	～	18:30	8:30	8:00	0:30
4(金)	出勤	8:50	～	18:00	9:00	～	18:00	8:00	8:00	
5(土)	休暇									
6(日)	休暇									
7(月)	出勤	13:11	～	17:36	13:11	～	17:36	4:25	4:25	
8(火)	出勤	9:05	～	18:35	9:05	～	18:35	8:30	8:00	0:30
9(水)	休暇									
10(木)	休暇									
11(金)	出勤	10:29	～	17:01	10:29	～	17:01	5:32	5:32	
12(土)	休暇									
13(日)	休暇									
14(月)	出勤	8:57	～	12:00	9:00	～	12:00	3:00	3:00	
15(火)	出勤	8:45	～	19:14	9:00	～	19:14	9:14	8:00	1:14
16(水)	休暇									
17(木)	出勤	8:58	～	18:51	9:00	～	18:51	8:51	8:00	0:51
18(金)	休暇									
19(土)	休暇									
20(日)	休暇									
21(月)	出勤	8:50	～	17:35	9:00	～	17:35	7:35	7:35	
22(火)	出勤	8:51	～	19:20	9:00	～	19:20	8:00	8:00	1:20
23(水)	出勤	8:50	～	17:34	9:00	～	17:34	7:34	7:34	
24(木)	休暇									
25(金)	休暇									
26(土)	休暇									
27(日)	休暇									
28(月)	出勤	8:53	～	18:39	9:00	～	18:39	8:39	8:00	0:39
29(火)	出勤	8:43	～	17:40	9:00	～	17:40	7:40	7:40	
30(水)	出勤	9:01	～	18:32	9:01	～	18:32	8:31	8:00	0:31
31(木)	休暇									

1 事例

具体的な事例をもとに、どのような賃金計算書を作成するのかを確認しましょう。

●事例

パートタイマーの増員を見込んでいる企業で、パートタイマー用の賃金計算書の作成を検討しています。

これまでは、パートタイマーの人数が少なかったので、タイムカードの時刻をもとに、電卓を使って、手作業で実働時間や賃金を計算していました。

これからは、Excelの賃金計算書を使って、タイムカードの時刻を転記するだけで、実働時間や賃金が算出されるように事務処理を効率化したいと考えています。

●賃金支給の条件

この企業におけるパートタイマーの賃金支給の条件は、次のとおりです。

- ・標準の出勤時刻は9:00とし、9:00よりも前に出勤した場合は、出勤時刻を9:00とみなす。
- ・出勤時刻から退勤時刻までの時間が6時間以上ある場合は、任意の時間に必ず1時間の休憩を取る。休憩時間は実働時間に含めない。
- ・1日の実働が8時間を超えた場合は、超えた時間を時間外扱いにする。時間外の時給は、通常の25%増しとする。
- ・1か月の実働合計は6分単位とし、端数は切り上げとする。
- ・交通費は出勤した日数分支給する。

2 処理の流れ

氏名、年月、タイムカードの時刻を入力するだけで賃金計算書が完成するように、表に関数などの数式を入力します。また、誤って必要な数式を消したり、書式が崩れたりすることを防ぐために、入力する箇所以外は編集できないようにシートを保護します。

タイムカード

NO. P0124　氏名　大西　真紀子

2023 年 8 月

日付	出	退	時間外
1	9:01	18:11	
2			
3	8:26	18:30	
4	8:50	18:00	
5			
6			
7	13:11	17:36	
8	9:05	18:35	
9			
10			
11	10:29	17:01	
12			
13			
14	8:57	12:00	
15	8:45	19:14	

転記

賃金計算書（パートタイマー用）　　　オレンジの網かけ部分を入力

年	月	開始日	～	締め日	従業員番号	氏名		フリガナ
2023	8	2023/8/1	～	2023/8/31	P0124	大西　真紀子		オオニシ　マキコ

時間区分		時給	実働時間	小計	交通費/日	出勤日数	交通費
	時間内	¥1,600	107.8h	¥172,480	¥740	15日	¥11,100
	時間外	¥2,000	5.8h	¥11,600	支給総額		
	合計		113.6h	¥184,080	¥195,180		

日付	出勤/休暇	タイムカード打刻			実働時刻			実働時間		
		出勤	～	退勤	出勤	～	退勤	実働合計	時間内	時間外
1(火)	出勤	9:01	～	18:11	9:01	～	18:11	8:10	8:00	0:10
2(水)	休暇									
3(木)	出勤	8:26	～	18:30	9:00	～	18:30	8:30		
4(金)	出勤	8:50	～	18:00	9:00	～	18:00	8:00		
5(土)	休暇									
6(日)	休暇									

関数などの数式を入力

シートを保護

入力する項目と関数などの数式を使って自動入力させるセルをそれぞれ確認しましょう。

●入力する項目

賃金計算書（パートタイマー用）

オレンジの網かけ部分を入力

年	月	開始日	～	締め日	従業員番号	氏名		フリガナ
2023	8	2023/8/1	～	2023/8/31	P0124	大西　真紀子		オオニシ　マキコ

時間区分		時給	実働時間	小計	交通費/日	出勤日数		交通費
	時間内	¥1,600	107.8h	¥172,480	¥740	15日		¥11,100
	時間外	¥2,000	5.8h	¥11,600	支給総額			
	合計		113.6h	¥184,080	¥195,180			

日付	出勤/休暇	タイムカード打刻			実働時刻			実働時間		
		出勤	～	退勤	出勤	～	退勤	実働合計	時間内	時間外
1(火)	出勤	9:01	～	18:11	9:01	～	18:11	8:10	8:00	0:10
2(水)	休暇									
3(木)	出勤	8:26	～	18:30	9:00	～	18:30	8:30	8:00	0:30
4(金)	出勤	8:50	～	18:00	9:00	～	18:00	8:00	8:00	
5(土)	休暇									
6(日)	休暇									
7(月)	出勤	13:11	～	17:36	13:11	～	17:36	4:25	4:25	
8(火)	出勤	9:05	～	18:35	9:05	～	18:35	8:30	8:00	0:30
9(水)	休暇									
10(木)	休暇									
11(金)	出勤	10:29	～	17:01	10:29	～	17:01	5:32	5:32	
12(土)	休暇									
13(日)	休暇									
14(月)	出勤	8:57	～	12:00	9:00	～	12:00	3:00	3:00	
15(火)	出勤	8:45	～	19:14	9:00	～	19:14	9:14	8:00	1:14
16(水)	休暇									
17(木)	出勤	8:58	～	18:51	9:00	～	18:51	8:51	8:00	0:51
18(金)	休暇									
19(土)	休暇									
20(日)	休暇									
21(月)	出勤	8:50	～	17:35	9:00	～	17:35	7:35	7:35	
22(火)	出勤	8:51	～	19:20	9:00	～	19:20	9:20	8:00	1:20
23(水)	出勤	8:50	～	17:34	9:00	～	17:34	7:34	7:34	
24(木)	休暇									
25(金)	休暇									
26(土)	休暇									
27(日)	休暇									
28(月)	出勤	8:53	～	18:39	9:00	～	18:39	8:39	8:00	0:39
29(火)	出勤	8:43	～	17:40	9:00	～	17:40	7:40	7:40	
30(水)	出勤	9:01	～	18:32	9:01	～	18:32	8:31	8:00	0:31
31(木)	休暇									

●関数などを使って自動入力させるセル

時間内の時給を入力すると、
時間外の時給が算出される

年と月を入力すると、
開始日と締め日が表示される

氏名を入力すると、フリガナが
表示される

1か月の実働時間と給与が
算出される

出勤/休暇に出勤と表示
されている日数が算出される

交通費/日を入力すると、出勤日
数に応じた交通費が算出される

1か月の実働時間と交通費が
表示されると、支給総額が算出
される

実働時刻の出勤と退勤が表示さ
れると、実働時間が表示される

賃金計算書（パートタイマー用）　　　オレンジの網かけ部分を入力

年	月	開始日	～	締め日	従業員番号	氏名		フリガナ
2023	8	2023/8/1	～	2023/8/31	P0124	大西　真紀子		オオニシ　マキコ

時間区分		時給	実働時間	小計	交通費/日	出勤日数		交通費
	時間内	¥1,600	107.8h	¥172,480	¥740	15日		¥11,100
	時間外	¥2,000	5.8h	¥11,600	支給総額			
	合計		113.6h	¥184,080	¥195,180			

日付	出勤/休暇	タイムカード打刻			実働時刻			実働時間		
		出勤	～	退勤	出勤	～	退勤	実働合計	時間内	時間外
1(火)	出勤	9:01	～	18:11	9:01	～	18:11	8:10	8:00	0:10
2(水)	休暇									
3(木)	出勤	8:26	～	18:30	9:00	～	18:30	8:30	8:00	0:30
4(金)	出勤	8:50	～	18:00	9:00	～	18:00	8:00	8:00	
5(土)	休暇									
6(日)	休暇									
7(月)	出勤	13:11	～	17:36	13:11	～	17:36	4:25	4:25	
8(火)	出勤	9:05	～	18:35	9:05	～	18:35	8:30	8:00	0:30
9(水)	休暇									
10(木)	休暇									
11(金)	出勤	10:29	～	17:01	10:29	～	17:01	5:32	5:32	
12(土)	休暇									
13(日)	休暇									
14(月)	出勤	8:57	～	12:00	9:00	～	12:00	3:00	3:00	
15(火)	出勤	8:45	～	19:14	9:00	～	19:14	9:14	8:00	1:14
16(水)	休暇									
17(木)	出勤	8:58	～	18:51	9:00	～	18:51	8:51	8:00	0:51
18(金)	休暇									
19(土)	休暇									
20(日)	休暇									
21(月)	出勤	8:50	～	17:35	9:00	～	17:35	7:35	7:35	
22(火)	出勤	8:51	～	19:20	9:00	～	19:20	9:20	8:00	1:20
23(水)	出勤	8:50	～	17:34	9:00	～	17:34	7:34	7:34	
24(木)	休暇									
25(金)	休暇									
26(土)	休暇									
27(日)	休暇									
28(月)	出勤	8:53	～	18:39	9:00	～	18:39	8:39	8:00	0:39
29(火)	出勤	8:43	～	17:40	9:00	～	17:40	7:40	7:40	
30(水)	出勤	9:01	～	18:32	9:01	～	18:32	8:31	8:00	0:31
31(木)	休暇									

タイムカード打刻の出勤
または退勤を入力すると、
出勤/休暇に出勤と表示される

タイムカード打刻の退勤を入力すると、
実働時刻の退勤が表示される

タイムカード打刻の出勤を入力すると、
実働時刻の出勤が表示される

開始日と締め日が
表示されると、日付が表示される

STEP 3　日付を自動的に入力する

1　開始日と締め日の自動入力

セル【B4】の年とセル【C4】の月をもとに開始日と締め日を表示しましょう。また、年または月が入力されていないときは、何も表示されないようにします。
DATE関数、OR関数、IF関数を使います。

1　DATE関数・OR関数

「DATE関数」を使うと、年、月、日のデータから日付を求めることができます。
「OR関数」を使うと、指定した複数の論理式のいずれかを満たしているかどうかを判定できます。IF関数の条件として、OR関数を使うと複雑な条件判断が可能になります。
複数の論理式を指定するときに使う関数には、OR関数以外に、AND関数があります。

●DATE関数

指定された日付に対応するシリアル値を返します。

＝DATE（年, 月, 日）
　　　　　❶　❷　❸

---

❶年
年を表す数値やセルを指定します。1900～9999までの整数で指定します。

❷月
月を表す数値やセルを指定します。
12より大きい数値を指定すると、次の年以降の月として計算されます。

❸日
日を表す数値やセルを指定します。
その月の最終日を超える数値を指定すると、次の月以降の日付として計算されます。

●OR関数

指定した複数の論理式のうち、いずれかひとつでも満たす場合は、真（TRUE）を返します。
すべて満たさない場合には、偽（FALSE）を返します。

＝OR（論理式1, 論理式2, ・・・）
　　　　　　　　❶

---

❶論理式
条件を満たしているかどうかを調べる論理式を指定します。最大255個まで指定できます。
例：
=OR（C2="りんご",C2="みかん"）
セル【C2】が「りんご」または「みかん」であれば「TRUE」、そうでなければ「FALSE」を返します。

=IF（OR（C2="りんご",C2="みかん"）,"購入する","購入しない"）
セル【C2】が「りんご」または「みかん」であれば「購入する」、そうでなければ「購入しない」を表示します。

2 開始日の自動入力

DATE関数を使って、セル【B4】の年とセル【C4】の月をもとに、セル【D4】に開始日を表示する数式を入力しましょう。また、IF関数とOR関数を使って、セル【B4】またはセル【C4】が入力されていないときは、何も表示されないようにします。

● セル【D4】の数式

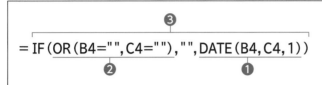

❶ セル【B4】の数値「2023」を年、セル【C4】の数値「8」を月、「1」を日とした日付を表示する
❷「セル【B4】またはセル【C4】が空データである」という条件
❸ ❷の条件のいずれかを満たす場合は何も表示せず、満たさない場合は❶の結果を表示する

 》 フォルダー「第5章」のブック「賃金計算書」を開いておきましょう。

=IF(OR(B4="",C4=""),"",DATE(B4,C4,1))

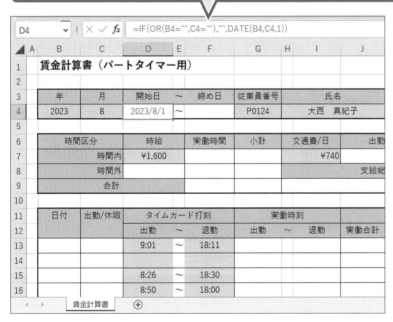

① セル【D4】に「=IF(OR(B4="",C4=""),"",DATE(B4,C4,1))」と入力します。

開始日が表示されます。

※ セル【D4】には、日付の表示形式が設定されています。
※ セル【E4】に「~」が表示されます。

POINT 「~」の自動入力

セル【E4】には、「=IF(D4="","","~")」という数式が入力されています。セル【D4】の開始日が入力されていないときは何も表示せず、セル【D4】が入力されると「~」が表示されます。
※ セル範囲【E13:E43】、セル範囲【H13:H43】にも同様の数式が入力されています。

3 締め日の自動入力

DATE関数を使って、セル【F4】に締め日を表示する数式を入力しましょう。締め日は各月の最終日とし、「翌月の開始日−1」で求められます。また、IF関数とOR関数を使って、セル【B4】またはセル【C4】が入力されていないときは、何も表示されないようにします。

●セル【F4】の数式

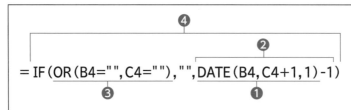

= IF(OR(B4="",C4=""),"",DATE(B4,C4+1,1)-1)

❶セル【B4】の数値「2023」を年、セル【C4】の数値「8」に1を足した数値「9」を月、「1」を日とした日付を求める
❷❶で求めた日付から1を引いた日付を表示する
❸「セル【B4】またはセル【C4】が空データである」という条件
❹❸の条件のいずれかを満たす場合は何も表示せず、満たさない場合は❷の結果を表示する

=IF(OR(B4="",C4=""),"",DATE(B4,C4+1,1)-1)

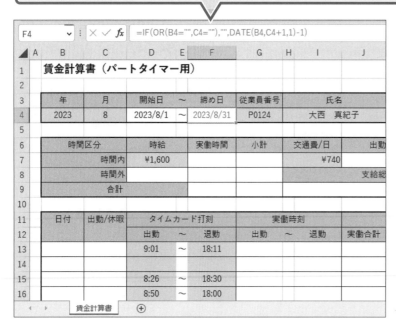

①セル【F4】に「=IF(OR(B4="",C4=""),"",DATE(B4,C4+1,1)-1)」と入力します。

締め日が表示されます。

※セル【F4】には、日付の表示形式が設定されています。

2 日付の自動入力

セル【D4】の開始日をもとに、セル範囲【B13:B43】に日付を表示しましょう。

セル【B13】は開始日を参照し、セル【B14】以降は上の行の日付に1を足して、翌日の日付が表示されるように数式を入力します。また、IF関数を使って、締め日を過ぎた日付は表示されないようにします。

●セル【B14】の数式

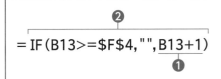

= IF(B13>=$F$4,"",B13+1)

❶セル【B13】に1を足して翌日の日付を求める
❷セル【B13】がセル【F4】の締め日以降であれば何も表示せず、そうでなければ❶の結果を表示する

=D4

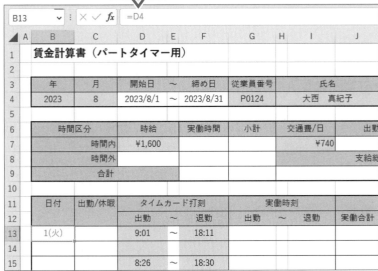

①セル【B13】に「=D4」と入力します。

開始日の日付が表示されます。

※セル【B13】には、「d(aaa)」の表示形式が設定されています。

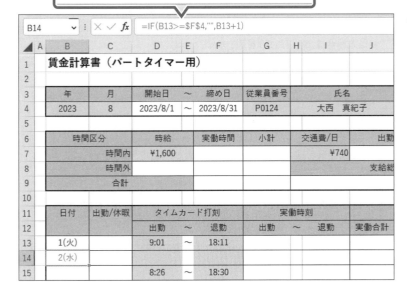

=IF(B13>=$F$4,"",B13+1)

②セル【B14】に「=IF(B13>=$F$4,"",B13+1)」と入力します。

※数式をコピーするため、セル【F4】は常に同じセルを参照するように絶対参照にしておきます。

129

	A	B	C	D	E	F	G	H	I	J
38		26(土)								
39		27(日)								
40		28(月)		8:53	~	18:39				
41		29(火)		8:43	~	17:40				
42		30(水)		9:01	~	18:32				
43		31(木)								
44										

- ○ セルのコピー(C)
- ○ 書式のみコピー (フィル)(F)
- ○ 書式なしコピー (フィル)(O)
- ○ フラッシュ フィル(F)

③セル【B14】を選択し、セル右下の■（フィルハンドル）をセル【B43】までドラッグします。

数式がコピーされ、（オートフィルオプション）が表示されます。

コピー元とコピー先の罫線の種類が異なるため、書式以外をコピーします。

④（オートフィルオプション）をクリックします。

※をポイントすると、になります。

⑤《書式なしコピー（フィル）》をクリックします。

	A	B	C	D	E	F	G	H	I	J
38		26(土)								
39		27(日)								
40		28(月)		8:53	~	18:39				
41		29(火)		8:43	~	17:40				
42		30(水)		9:01	~	18:32				
43		31(木)								
44										
45										

罫線が元の表示に戻ります。

※任意のセルをクリックし、選択を解除しておきましょう。

3　出勤・休暇区分の自動入力

タイムカード打刻の出勤と退勤をもとに、出勤/休暇に「**出勤**」または「**休暇**」の文字列を表示しましょう。タイムカード打刻の出勤と退勤のどちらにも時刻が入力されていない場合は休暇、どちらかに時刻が入力されていれば出勤とみなします。また、B列の日付が入力されていないときは、何も表示されないようにします。
AND関数とIFS関数を使います。

1 AND関数

「**AND関数**」を使うと、指定したすべての論理式を満たしているかどうかを判定できます。

●AND関数

指定した複数の論理式をすべて満たす場合は、真（TRUE）を返します。
いずれかひとつでも満たさない場合は、偽（FALSE）を返します。

＝AND（論理式1, 論理式2, ・・・）
　　　　　　　　❶

---

❶論理式
条件を満たしているかどうかを調べる論理式を指定します。最大255個まで指定できます。

例：
=AND（C2="りんご", D2="青森"）
セル【C2】が「りんご」かつセル【D2】が「青森」であれば「TRUE」、そうでなければ「FALSE」を返します。

=IF（AND（C2="りんご", D2="青森"）, "購入する", "購入しない"）
セル【C2】が「りんご」かつセル【D2】が「青森」であれば「購入する」、そうでなければ「購入しない」を表示します。

2 IFS関数

「IFS関数」を使うと、複数の条件を順番に判断し、条件に応じて異なる結果を求めることができます。条件には、以上や以下などの比較演算子を使った数式も指定できます。IFS関数は条件によって複数の処理に分岐したい場合に使います。

● IFS関数

複数の論理式を順番に判断し、最初に条件を満たす論理式に対応する値を返します。
「論理式1」が真（TRUE）の場合は「真の場合1」の値を返し、偽（FALSE）の場合は「論理式2」を判断します。
「論理式2」が真（TRUE）の場合は「真の場合2」の値を返し、偽（FALSE）の場合は「論理式3」を判断します。
最後の論理式にTRUEを指定すると、すべての論理式に当てはまらなかった場合の値を返すことができます。

= IFS（論理式1, 値が真の場合1, 論理式2, 値が真の場合2, ・・・,
　　　 ❶　　　　　❷　　　　　　❸　　　　　❹
　　　　　　　　　　　　　　　　　　　　TRUE, 当てはまらなかった場合）
　　　　　　　　　　　　　　　　　　　　　❺　　　　❻

❶論理式1
判断の基準となる1つ目の条件を式で指定します。

❷値が真の場合1
1つ目の論理式が真の場合の値を数値または数式、文字列で指定します。
「論理式」と「真の場合」の組み合わせは、127個まで指定できます。

❸論理式2
判断の基準となる2つ目の条件を式で指定します。

❹値が真の場合2
2つ目の論理式が真の場合の値を数値または数式、文字列で指定します。

❺TRUE
TRUEを指定すると、すべての論理式に当てはまらなかった場合を指定できます。

❻当てはまらなかった場合
すべての論理式に当てはまらなかった場合の値を数値または数式、文字列で指定します。

例：
=IFS（A1>=80, "〇", A1>=40, "△", TRUE, "×"）
セル【A1】が「80」以上であれば「〇」、「40」以上であれば「△」、そうでなければ「×」を表示します。

POINT IF関数のネスト

「IF関数」を組み合わせて（ネスト）、複数の条件を判断することもできます。

例：
=IF（A1>=80,"〇",IF（A1>=40,"△","×"））
セル【A1】が「80」以上であれば「〇」、そうでなく「40」以上であれば「△」、そうでなければ「×」を表示します。

3 出勤・休暇区分の自動入力

IFS関数とAND関数を使って、セル範囲【C13:C43】にタイムカード打刻の出勤と退勤のどちらにも時刻が入力されていないときは「**休暇**」と表示し、どちらかに時刻が入力されているときは「**出勤**」と表示される数式を入力しましょう。さらに、B列の日付が表示されていないときは、何も表示されないようにします。

●セル【C13】の数式

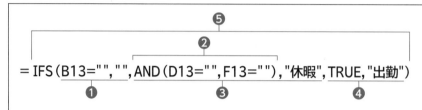

= IFS(B13="","",AND(D13="",F13=""),"休暇",TRUE,"出勤")

❶セル【B13】が空データであれば何も返さない
❷「セル【D13】とセル【F13】が空データである」という条件
❸❷の条件を満たす場合は「休暇」を返す
❹どの条件も満たさない場合は「出勤」を返す
❺1つ目の条件に一致するときは❶の結果、そうでなければ2つ目の条件を判断して一致するときは❸の結果、どちらの条件にも一致しないときは❹の結果を表示する

=IFS(B13="","",AND(D13="",F13=""),"休暇",TRUE,"出勤")

①セル【C13】に「=IFS(B13="","",AND(D13="",F13=""),"休暇",TRUE,"出勤")」と入力します。

出勤・休暇区分が表示されます。

②セル【C13】を選択し、セル右下の■(フィルハンドル)をダブルクリックします。

数式がコピーされます。

※コピー元とコピー先の罫線の種類が異なるため、書式以外をコピーします。📋▼(オートフィルオプション)をクリックして、《書式なしコピー(フィル)》をクリックしておきましょう。

スピルを使うと…

スピルを使った数式で、複数の条件を指定する場合は、演算子を使用します。AND関数やOR関数は、スピルを使った数式には使用できません。
すべての条件を満たす指定をするには「*(アスタリスク)」、いずれかひとつの条件を満たす指定をするには「+」を使います。

●セル【C13】の数式

= IFS(B13:B43="","",(D13:D43="")*(F13:F43=""),"休暇",TRUE,"出勤")

STEP UP NOT関数

「NOT関数」を使うと、論理式が真（TRUE）のときは偽（FALSE）を返し、論理式が偽（FALSE）のときは真（TRUE）を返します。ある値が特定の値と等しくないことを確認するときに使います。

● NOT関数

論理式がTRUEの場合はFALSEを、FALSEの場合はTRUEを返します。

＝NOT（論理式）
　　　　　❶

---

❶論理式
条件を満たしていないかどうかを調べる論理式を指定します。

例：
=NOT(E2="りんご")
セル【E2】が「りんご」でなければ「TRUE」、「りんご」であれば「FALSE」を返します。

=IF(NOT(E2="りんご"),"購入する","購入しない")
セル【E2】が「りんご」でなければ「購入する」、「りんご」であれば「購入しない」を表示します。

STEP UP ふりがなの表示（PHONETIC関数）

「PHONETIC関数」を使うと、セル【K4】のように、指定したセルのふりがなを表示することができます。

● PHONETIC関数

指定したセルのふりがなを表示します。

＝PHONETIC（参照）
　　　　　　　　❶

---

❶参照
ふりがなを取り出すセルやセル範囲を指定します。引数に直接文字列を入力することはできません。
※セル範囲を指定したときは、範囲内の文字列のふりがなをすべて結合して表示します。

例：
セル【B3】のふりがなを表示します。

STEP UP ふりがなの編集・設定

PHONETIC関数で表示されるふりがなは、セルに入力したときの文字列（読み）になります。表示されたふりがなが実際の読みと異なる場合は、ふりがなを修正できます。
ふりがなを修正する方法は、次のとおりです。

◆PHONETIC関数で参照しているセルを選択→《ホーム》タブ→《フォント》グループの（ふりがなの表示/非表示）の→《ふりがなの編集》

また、初期の状態では、ふりがなは全角カタカナで表示されます。ひらがなや半角カタカナに変更したいときは、《ふりがなの設定》ダイアログボックスを使います。
ふりがなの種類を変更する方法は、次のとおりです。

◆PHONETIC関数で参照しているセルを選択→《ホーム》タブ→《フォント》グループの（ふりがなの表示/非表示）の→《ふりがなの設定》→《ふりがな》タブ

STEP 4 実働時間を計算する

1 実働時刻（出勤）の算出

Excelでは、セルに「**9:00**」といった時刻の形式で入力すると、データ上は「**シリアル値**」で格納されます。シリアル値は、日数や時間の計算に使用されます。時刻同士を比較したり、計算したりする際は、シリアル値で計算されています。シリアル値を直接入力して計算することもできます。

1 実働時刻（出勤）の条件

賃金計算の対象となる出勤時刻を求めましょう。9:00よりも前に出勤していても、賃金計算の対象となる実働の出勤時刻は9:00とします。また、9:00以降に出勤した場合は、タイムカードの打刻をそのまま実働の出勤時刻とします。よって、実働の出勤時刻は、9:00とタイムカードの打刻を比較し、遅い時刻を表示することで求められます。MAX関数とIF関数を使います。

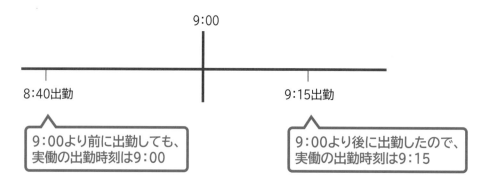

9:00

8:40出勤　　　　　　　　9:15出勤

9:00より前に出勤しても、実働の出勤時刻は9:00

9:00より後に出勤したので、実働の出勤時刻は9:15

POINT 時刻のシリアル値

時刻のシリアル値は、1日（24時間）が数値の「1」として管理されており、24時間未満の時刻は、午前0時を「0」として、小数点以下の数値で表されます。
セルの表示形式を「標準」にすると、シリアル値を確認できます。

●時刻の入力とシリアル値

時刻の入力	シリアル値
6:00	0.25
12:00	0.5
24:00	1
36:00	1.5
48:00	2

---

2 MAX関数

「MAX関数」を使うと、引数に指定したセル範囲や数値の中から最大値を求めることができます。

> ### ●MAX関数
> 引数の数値の中から最大値を返します。
>
> $$=MAX(\underset{\textbf{❶}}{数値1, 数値2, \cdots})$$
>
> ─────────────────────────
>
> **❶数値**
> 最大値を求めるセル範囲や数値などを指定します。最大255個まで指定できます。

3 実働時刻（出勤）の算出

セル【G13】に、実働の出勤時刻を求める数式を入力しましょう。実働の出勤時刻は、MAX関数を使って、タイムカードの打刻と9:00を比較し、シリアル値の大きい方（遅い時刻）を表示します。また、IF関数を使って、セル【D13】の出勤時刻が入力されていないときは、何も表示されないようにします。

●セル【G13】の数式

$$= IF(D13="","",\underset{\textbf{❶}}{\overset{\textbf{❷}}{MAX(D13,"9:00")}})$$

❶セル【D13】の時刻と9:00を比較して、シリアル値の大きい時刻を返す
❷セル【D13】が空データであれば何も表示せず、そうでなければ❶の結果を表示する

`=IF(D13="","",MAX(D13,"9:00"))`

A	B	C	D	E	F	G	H	I	J
G13			`=IF(D13="","",MAX(D13,"9:00"))`						
10									
11	日付	出勤/休暇	タイムカード打刻			実働時刻			
12			出勤	～	退勤	出勤	～	退勤	実働合計
13	1(火)	出勤	9:01	～	18:11	9:01	～		
14	2(水)	休暇							
15	3(木)	出勤	8:26	～	18:30	9:00	～		
16	4(金)	出勤	8:50	～	18:00	9:00	～		
17	5(土)	休暇							
18	6(日)	休暇							
19	7(月)	出勤	13:11	～	17:36	13:11	～		
20	8(火)	出勤	9:05	～	18:35	9:05	～		
21	9(水)	休暇							
22	10(木)	休暇							
23	11(金)	出勤	10:29	～	17:01	10:29	～		
24	12(土)	休暇							
25	13(日)	休暇							

賃金計算書

①セル【G13】に「=IF(D13="","",MAX(D13,"9:00"))」と入力します。

※時刻を数式で使う場合は、時刻を「"（ダブルクォーテーション）」で囲んで文字列として入力します。

実働時刻（出勤）が表示されます。

※セル【G13】には、時刻の表示形式が設定されています。
※セル【H13】に「～」が表示されます。

②セル【G13】を選択し、セル右下の■（フィルハンドル）をダブルクリックします。

数式がコピーされます。

※コピー元とコピー先の罫線の種類が異なるため、書式以外をコピーします。■▼（オートフィルオプション）をクリックして、《書式なしコピー（フィル）》をクリックしておきましょう。

STEP UP　TIME関数

セル【G13】の数式では、時刻を「"（ダブルクォーテーション）」で囲んで文字列として入力しています。
数式で時刻を使うには、TIME関数を使う方法もあります。
「TIME関数」を使うと、時、分、秒の数値をシリアル値に変換して時刻を求めることができます。

●TIME関数

指定された時刻に対応するシリアル値を返します。

$$=TIME(時,分,秒)$$
　　　　　❶　❷　❸

---

❶時
時を表す数値またはセルを指定します。

❷分
分を表す数値またはセルを指定します。

❸秒
秒を表す数値またはセルを指定します。

例：
=TIME(6,0,0)→0.25

2　実働時刻（退勤）の算出

賃金計算の対象となる退勤時刻を求めましょう。実働の退勤時刻はタイムカードの打刻どおりとします。セル【I13】に、セル【F13】の退勤時刻を表示する数式を入力しましょう。また、IF関数を使って、セル【F13】の退勤時刻が入力されていないときは、何も表示されないようにします。

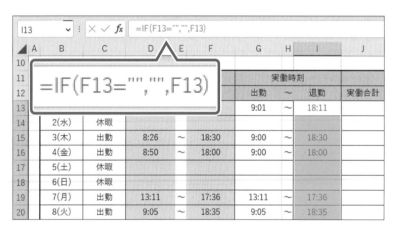

①セル【I13】に「=IF(F13="","",F13)」と入力します。

実働時刻（退勤）が表示されます。

※セル【I13】には、時刻の表示形式が設定されています。

②セル【I13】を選択し、セル右下の■（フィルハンドル）をダブルクリックします。

数式がコピーされます。

※コピー元とコピー先の罫線の種類が異なるため、書式以外をコピーします。　（オートフィルオプション）をクリックして、《書式なしコピー（フィル）》をクリックしておきましょう。

3　実働合計の算出

実働時刻の出勤と退勤をもとに1日の実働時間の合計を求めましょう。時刻のシリアル値は、時間の計算に使用できます。
出勤時刻から退勤時刻までの時間が6時間以上ある場合は必ず1時間の休憩を取りますが、その時間は実働時間には含めません。また、実働時刻の出勤または退勤に何も表示されていないときは、エラーが表示されないようにします。
エラーの非表示には、IFERROR関数を使います。

1 実働合計の算出

セル【J13】に、1日の実働時間の合計を求める数式を入力しましょう。出勤時刻から退勤時刻までの時間が6時間以上ある場合は休憩時間が発生するので「**実働時刻の退勤−実働時刻の出勤−休憩時間**」、6時間未満の場合は「**実働時刻の退勤−実働時刻の出勤**」で求められます。

●セル【J13】の数式

❷

$$= IF(\underset{❶}{I13-G13>=0.25}, I13-G13-"1:00", I13-G13)$$

❶「セル【I13】の時刻からセル【G13】の時刻を引いた時間が6時間以上」という条件
❷❶の条件を満たす場合は、セル【I13】の時刻からセル【G13】の時刻を引き、さらに、休憩の1時間を引く。満たさない場合は、セル【I13】の時刻からセル【G13】の時刻を引く

=IF(I13-G13>=0.25,I13-G13-"1:00",I13-G13)

日付	出勤/休暇	タイムカード打刻			実働時刻			実働時間		
		出勤	～	退勤	出勤	～	退勤	実働合計	時間内	時間外
1(火)	出勤	9:01	～	18:11	9:01	～	18:11	8:10		
2(水)	休暇							#VALUE!		
3(木)	出勤	8:26	～	18:30	9:00	～	18:30	8:30		
4(金)	出勤	8:50	～	18:00	9:00	～	18:00	8:00		
5(土)	休暇							#VALUE!		
6(日)	休暇							#VALUE!		
7(月)	出勤	13:11	～	17:36	13:11	～	17:36	4:25		
8(火)	出勤	9:05	～	18:35	9:05	～	18:35	8:30		
9(水)	休暇							#VALUE!		
10(木)	休暇							#VALUE!		
11(金)	出勤	10:29	～	17:01	10:29	～	17:01	5:32		
12(土)	休暇							#VALUE!		
13(日)	休暇							#VALUE!		

① セル【J13】に「=IF(I13-G13>=0.25,I13-G13-"1:00",I13-G13)」と入力します。

※論理式には、6時間のシリアル値である「0.25」を使用します。

実働合計が表示されます。

※セル【J13】には、時刻の表示形式が設定されています。

② セル【J13】を選択し、セル右下の■(フィルハンドル)をダブルクリックします。

数式がコピーされます。

※コピー元とコピー先の罫線の種類が異なるため、書式以外をコピーします。(オートフィルオプション)をクリックして、《書式なしコピー(フィル)》をクリックしておきましょう。

※実働時刻の出勤と退勤が表示されていない行に、エラーが表示されていることを確認しておきましょう。

2 IFERROR関数

「**IFERROR関数**」を使うと、数式の結果がエラーかどうかをチェックして、エラーの場合は指定の値を表示し、エラーでない場合は数式の結果を表示します。

●IFERROR関数

数式の結果がエラーの場合、指定の値を返し、エラーでない場合は数式の結果を返します。

$$= IFERROR(\underset{❶}{値}, \underset{❷}{エラーの場合の値})$$

❶値
判断の基準となる数式を指定します。

❷エラーの場合の値
数式の結果がエラーの場合に返す値を指定します。

3 エラーの非表示

G列またはI列に時刻が表示されていないと、J列の実働合計にエラーが表示されます。このような場合、IF関数とOR関数を使ってエラーを表示させないようにできますが、IFERROR関数を使うと、入力済みの数式を利用して簡単にエラーを非表示にできます。
IFERROR関数を使って、J列の数式の結果がエラーのときは、何も表示されないように数式を編集しましょう。

● セル【J13】の数式

$$= IFERROR(IF(I13-G13>=0.25, I13-G13-"1:00", I13-G13), "")$$

❶ セル【I13】の時刻からセル【G13】の時刻を引いた時間が6時間以上という条件を満たす場合は、セル【I13】の時刻からセル【G13】の時刻と休憩の1時間を引く。満たさない場合は、セル【I13】の時刻からセル【G13】の時刻を引く

❷ ❶の数式の結果がエラーであれば何も表示せず、そうでなければ❶の結果を表示する

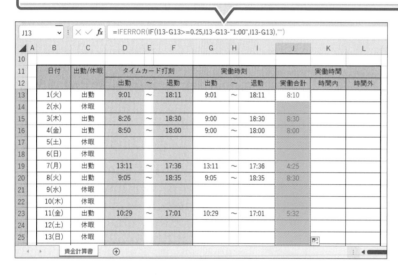

① セル【J13】の数式を「=IFERROR(IF(I13-G13>=0.25,I13-G13-"1:00",I13-G13),"")」に修正します。

② セル【J13】を選択し、セル右下の■（フィルハンドル）をダブルクリックします。

数式がコピーされ、エラーが非表示になります。

※コピー元とコピー先の罫線の種類が異なるため、書式以外をコピーします。📋▾（オートフィルオプション）をクリックして、《書式なしコピー（フィル）》をクリックしておきましょう。

STEP UP 休憩時間の列を設ける場合

休憩時間が日ごとに変わるような場合は、次のように休憩時間の列を追加することで対応できます。

● G列に「休憩時間」の入力列を追加した場合

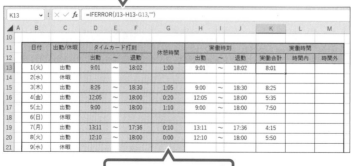

4 時間内と時間外の算出

1日の実働時間のうち8時間以内の実働は「**時間内**」、8時間を超える実働は「**時間外**」として、時間内と時間外の実働時間を求めましょう。

●9：00～18：30まで勤務した場合

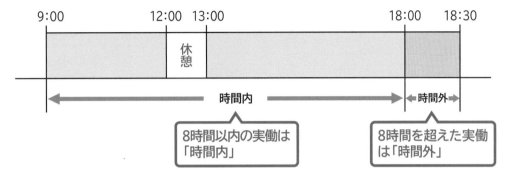

時間内の実働時間は、MIN関数とIF関数を使って求めます。
時間外の実働時間は、IF関数を使って求めます。

1 MIN関数

「**MIN関数**」を使うと、引数に指定したセル範囲や数値の中から最小値を求めることができます。

> ### ●MIN関数
> 引数の数値の中から最小値を返します。
>
> ＝MIN（**数値1, 数値2, ・・・**）
>   ❶
>
> ---
>
> ❶数値
> 最小値を求めるセル範囲や数値などを指定します。最大255個まで指定できます。

2 時間内の算出

セル【K13】に、時間内の実働時間を求める数式を入力しましょう。
時間内の実働時間は8時間までです。MIN関数を使って、1日の実働時間の合計と8：00を比較してシリアル値の小さい方の時刻を表示します。また、IF関数を使って、セル【J13】の実働合計が表示されていないときは、何も表示されないようにします。

●セル【K13】の数式

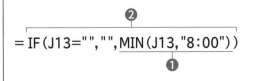

❶セル【J13】の時刻と8：00を比較して、シリアル値の小さい時刻を返す
❷セル【J13】が空データであれば何も表示せず、そうでなければ❶の結果を表示する

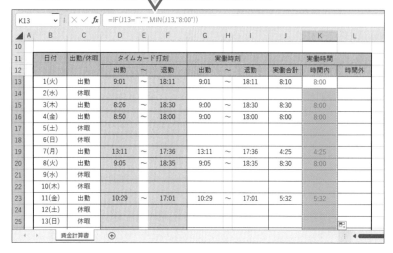

=IF(J13="","",MIN(J13,"8:00"))

日付	出勤/休暇	タイムカード打刻			実働時刻			実働時間		
		出勤	～	退勤	出勤	～	退勤	実働合計	時間内	時間外
1(火)	出勤	9:01	～	18:11	9:01	～	18:11	8:10	8:00	
2(水)	休暇									
3(木)	出勤	8:26	～	18:30	9:00	～	18:30	8:30	8:00	
4(金)	出勤	8:50	～	18:00	9:00	～	18:00	8:00	8:00	
5(土)	休暇									
6(日)	休暇									
7(月)	出勤	13:11	～	17:36	13:11	～	17:36	4:25	4:25	
8(火)	出勤	9:05	～	18:35	9:05	～	18:35	8:30	8:00	
9(水)	休暇									
10(木)	休暇									
11(金)	出勤	10:29	～	17:01	10:29	～	17:01	5:32	5:32	
12(土)	休暇									
13(日)	休暇									

①セル【K13】に「=IF(J13="","",MIN(J13,"8:00"))」と入力します。

時間内の実働時間が表示されます。

※セル【K13】には、時刻の表示形式が設定されています。

②セル【K13】を選択し、セル右下の■(フィルハンドル)をダブルクリックします。

数式がコピーされます。

※コピー元とコピー先の罫線の種類が異なるため、書式以外をコピーします。📋▾(オートフィルオプション)をクリックして、《書式なしコピー(フィル)》をクリックしておきましょう。

3 時間外の算出

セル【L13】に、時間外の実働時間を求める数式を入力しましょう。

時間外の実働時間は8時間を超えた実働時間です。「**実働合計－時間内**」で求められます。また、時間外の実働時間がない場合は、何も表示されないようにします。時間外がない場合は「**実働合計**」と「**時間内**」が同じ値になるので、IF関数を使って「**実働時間＝時間内**」のときは、何も表示されないように指定します。

●セル【L13】の数式

= IF(J13=K13,"",J13-K13)
　　　　　❶

❶セル【J13】とセル【K13】が同じであれば何も表示せず、そうでなければセル【J13】からセル【K13】を引いた結果を表示する

=IF(J13=K13,"",J13-K13)

日付	出勤/休暇	タイムカード打刻			実働時刻			実働時間		
		出勤	～	退勤	出勤	～	退勤	実働合計	時間内	時間外
1(火)	出勤	9:01	～	18:11	9:01	～	18:11	8:10	8:00	0:10
2(水)	休暇									
3(木)	出勤	8:26	～	18:30	9:00	～	18:30	8:30	8:00	0:30
4(金)	出勤	8:50	～	18:00	9:00	～	18:00	8:00	8:00	
5(土)	休暇									
6(日)	休暇									
7(月)	出勤	13:11	～	17:36	13:11	～	17:36	4:25	4:25	
8(火)	出勤	9:05	～	18:35	9:05	～	18:35	8:30	8:00	0:30
9(水)	休暇									
10(木)	休暇									
11(金)	出勤	10:29	～	17:01	10:29	～	17:01	5:32	5:32	
12(土)	休暇									
13(日)	休暇									

①セル【L13】に「=IF(J13=K13,"",J13-K13)」と入力します。

時間外の実働時間が表示されます。

※セル【L13】には、時刻の表示形式が設定されています。

②セル【L13】を選択し、セル右下の■(フィルハンドル)をダブルクリックします。

数式がコピーされます。

※コピー元とコピー先の罫線の種類が異なるため、書式以外をコピーします。📋▾(オートフィルオプション)をクリックして、《書式なしコピー(フィル)》をクリックしておきましょう。

STEP 5 実働時間を合計する

1 時間内と時間外の合計

1か月分の時間内と時間外の実働時間をそれぞれ合計しましょう。
実働時間は、時刻の形式で表示されていてもデータ上は「**シリアル値**」で格納されています。
シリアル値では、24時間を「**1**」として管理しているため、そのままの値では時給をかけても賃金が正しく計算されません。時給を使って賃金計算をする場合は、シリアル値に「**24**」をかけて、時間を表す数値に変換します。

K列の時間内とL列の時間外は、時刻として表示されており、セルにはシリアル値が格納されています。シリアル値を合計した場合、結果も同様にシリアル値になります。合計した値を賃金計算で利用できるように、時間を表す数値に変換します。

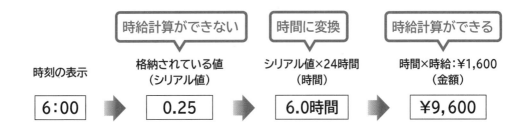

●時間に変換していない場合

シリアル値に時給をかけることになり、賃金が正しく計算されません。

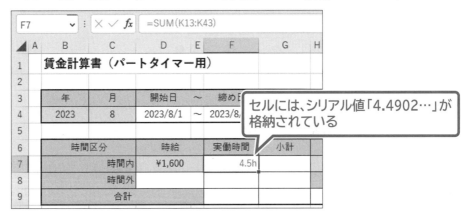

●時間に変換した場合

時間を表す数値に時給をかけるので、賃金が正しく計算されます。

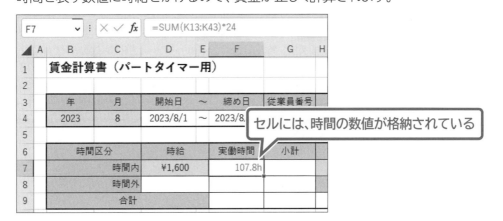

また、シリアル値を時間を表す数値に変換すると、1時間未満の値は小数点以下の数値になります。1か月分の実働時間の合計に小数点以下の数値があった場合は、0.1単位（6分単位）とし、端数は切り上げます。
切り上げの処理には、CEILING.MATH関数を使います。

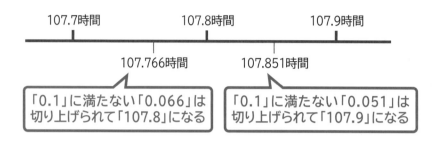

STEP UP　24時間を超える時刻の表示

表示形式によっては、24時間を超える時刻が入力したとおりに表示されない場合があります。その場合は、表示形式「[h]:mm」を設定すると、24時間を超える時刻を表示できます。

1 CEILING.MATH関数

「**CEILING.MATH関数**」を使うと、引数に指定した数値を、基準値の倍数の中で最も近い値に切り上げます。

●CEILING.MATH関数

指定した数値を基準値の倍数になるように切り上げます。

$$=CEILING.MATH（\underset{❶}{数値}, \underset{❷}{基準値}, \underset{❸}{モード}）$$

---

❶数値
数値やセルを指定します。

❷基準値
倍数の基準となる数値やセルを指定します。

❸モード
❶が負の数値の場合の処理を、「0」または「0以外の数値」で指定します。「0」は省略できます。

0	0に近い値に切り上げます。
0以外の数値	0から離れた値に切り上げます。

例：

▲	A	B	C		D	
1	数値	基準値			結果	
2	43	5	➡		45	=CEILING.MATH（A2,B2）
3	27	10	➡		30	=CEILING.MATH（A3,B3）
4	-24	5	➡		-20	=CEILING.MATH（A4,B4,0）
5	-24	5	➡		-25	=CEILING.MATH（A5,B5,1）

2 時間内と時間外の合計

1か月の時間内と時間外の実働時間を合計する数式を入力しましょう。

SUM関数を使って、時間内の実働時間を合計し、その結果に「**24**」をかけて時間を表す数値に変換します。また、CEILING.MATH関数を使って、0.1単位（6分単位）で切り上げます。

※時間外の実働時間を合計する数式は、時間内の実働時間を合計する数式をコピーして編集します。

●セル【F7】の数式

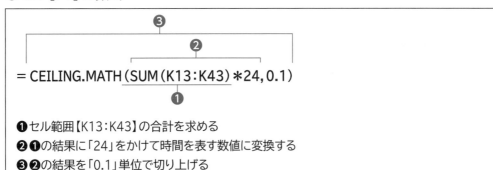

= CEILING.MATH(SUM(K13:K43)*24,0.1)

❶セル範囲【K13:K43】の合計を求める
❷❶の結果に「24」をかけて時間を表す数値に変換する
❸❷の結果を「0.1」単位で切り上げる

=CEILING.MATH(SUM(K13:K43)*24,0.1)

| F7 | | | fx | =CEILING.MATH(SUM(K13:K43)*24,0.1) |

	A	B	C	D	E	F	G	H	J
1		賃金計算書（パートタイマー用）							
2									
3		年	月	開始日	～	締め日	従業員番号	氏名	
4		2023	8	2023/8/1	～	2023/8/31	P0124	大西　真紀子	
5									
6		時間区分		時給		実働時間	小計	交通費/日	出勤
7			時間内	¥1,600		107.8h		¥740	
8			時間外			99.8h			支給総
9			合計						
10									
11		日付	出勤/休暇	タイムカード打刻			実働時刻		
12				出勤	～	退勤	出勤	～	退勤	実働合計
13		1(火)	出勤	9:01	～	18:11	9:01	18:11	8:10
14		2(水)	休暇						

①セル【F7】に「**=CEILING.MATH (SUM(K13:K43)*24,0.1)**」と入力します。

時間内の実働時間の合計が表示されます。

※セル【F7】には、「0.0"h"」の表示形式が設定されています。

②セル【F7】を選択し、セル右下の■（フィルハンドル）をセル【F8】までドラッグします。

数式がコピーされます。

=CEILING.MATH(SUM(L13:L43)*24,0.1)

| F8 | | | fx | =CEILING.MATH(SUM(L13:L43)*24,0.1) |

	A	B	C	D	E	F	G	H	J
1		賃金計算書（パートタイマー用）							
2									
3		年	月	開始日	～	締め日	従業員番号	氏名	
4		2023	8	2023/8/1	～	2023/8/31	P0124	大西　真紀子	
5									
6		時間区分		時給		実働時間	小計	交通費/日	出勤
7			時間内	¥1,600		107.8h		¥740	
8			時間外			5.8h			支給総
9			合計						
10									
11		日付	出勤/休暇	タイムカード打刻			実働時刻		
12				出勤	～	退勤	出勤	～	退勤	実働合計
13		1(火)	出勤	9:01	～	18:11	9:01	18:11	8:10
14		2(水)	休暇						

③セル【F8】の数式を「**=CEILING.MATH (SUM(L13:L43)*24,0.1)**」に修正します。

※SUM関数の引数をセル範囲【L13:L43】に修正します。

時間外の実働時間の合計が表示されます。

 **STEP UP** FLOOR.MATH関数

「FLOOR.MATH関数」を使うと、引数に指定した数値を、基準値の倍数の中で最も近い値に切り捨てます。

●FLOOR.MATH関数

指定した数値を基準値の倍数になるように切り捨てます。

$$= FLOOR.MATH (\underset{❶}{数値}, \underset{❷}{基準値}, \underset{❸}{モード})$$

---

❶数値
数値やセルを指定します。

❷基準値
倍数の基準となる数値やセルを指定します。

❸モード
❶が負の数値の場合の処理を、「0」または「0以外の数値」で指定します。「0」は省略できます。

0	0から離れた値に切り捨てます。
0以外の数値	0に近い値に切り捨てます。

例:

	A	B	C	D	
1	数値	基準値		結果	
2	43	5	➡	40	=FLOOR.MATH(A2,B2)
3	27	10	➡	20	=FLOOR.MATH(A3,B3)
4	-24	5	➡	-25	=FLOOR.MATH(A4,B4,0)
5	-24	5	➡	-20	=FLOOR.MATH(A5,B5,1)

---

2 実働時間の合計

SUM関数を使って、セル【F9】にセル【F7】とセル【F8】を合計する数式を入力しましょう。

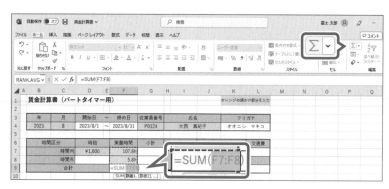

①セル【F9】をクリックします。

②《ホーム》タブを選択します。

③《編集》グループの Σ (合計) をクリックします。

④数式が「=SUM(F7:F8)」になっていることを確認します。

⑤ Enter を押します。

※ Σ (合計) を再度クリックして確定することもできます。

実働時間の合計が表示されます。

※セル【F9】には、「0.0"h"」の表示形式が設定されています。

STEP 6 給与を計算する

1 時間外の時給の算出

時間外の時給を求めましょう。時間外の時給は、時間内の時給の25%増しです。また、時間外の時給は10円未満を切り上げます。さらに、時間内の時給が表示されていないときは、何も表示されないようにします。
ROUNDUP関数とIF関数を使います。

1 ROUNDUP関数

「ROUNDUP関数」を使うと、指定した桁数で数値を切り上げることができます。

● ROUNDUP関数

指定した桁数で数値の端数を切り上げます。

$$= \text{ROUNDUP} (数値, 桁数)$$

❶数値
端数を切り上げる数値や数式、セルを指定します。

❷桁数
端数を切り上げた結果の桁数を指定します。

例：
=ROUNDUP(1234.56,1)→1234.6
桁数「1」は小数第2位を切り上げて、小数点以下を1桁にする
=ROUNDUP(1234.56,0)→1235
桁数「0」は小数第1位を切り上げて、小数点以下を0桁にする
=ROUNDUP(1234.56,-1)→1240
桁数「-1」は1の位を切り上げる

---

2 時間外の時給の算出

セル【D8】に、時間外の時給を求める数式を入力しましょう。25%増しの時給は「**時間内の時給×1.25**」で求められます。
ROUNDUP関数を使って、10円未満は切り上げます。また、IF関数を使って、セル【D7】の時間内の時給が入力されていないときは、何も表示されないようにします。

● セル【D8】の数式

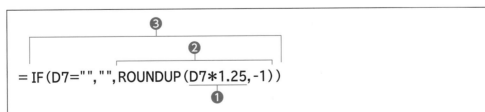

❶セル【D7】の時間内の時給に「1.25」をかける
❷❶で求めた数値の1の位を切り上げる
❸セル【D7】が空データであれば何も表示せず、そうでなければ❷の結果を表示する

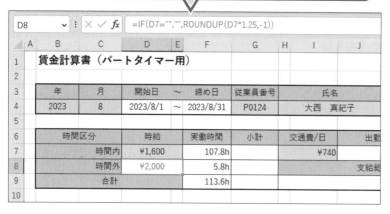

=IF(D7="","",ROUNDUP(D7*1.25,-1))

	A	B	C	D	E	F	G	H	I	J
1		賃金計算書（パートタイマー用）								
2										
3		年	月	開始日	～	締め日	従業員番号		氏名	
4		2023	8	2023/8/1	～	2023/8/31	P0124		大西　真紀子	
5										
6		時間区分		時給	実働時間		小計		交通費/日	出勤
7			時間内	¥1,600	107.8h				¥740	
8			時間外	¥2,000	5.8h					支給総
9			合計		113.6h					
10										

①セル【D8】に「=IF(D7="","",ROUNDUP(D7*1.25,-1))」と入力します。

※25%増しの時給は「時間内の時給×125%」でも求めることができます。「=IF(D7="","",ROUNDUP(D7*125%,-1))」と入力してもかまいません。

時間外の時給が表示されます。

※セル【D8】には、通貨の表示形式が設定されています。

STEP UP ROUND関数

「ROUND関数」を使うと、指定した桁数で数値を四捨五入できます。

● ROUND関数

指定した桁数で数値を四捨五入します。

= ROUND（数値, 桁数）

❶数値
四捨五入する数値や数式、セルを指定します。

❷桁数
数値を四捨五入した結果の桁数を指定します。

例：
=ROUND(1234.56, 1) →1234.6
=ROUND(1234.56, 0) →1235
=ROUND(1234.56, -1) →1230

STEP UP ROUNDDOWN関数

「ROUNDDOWN関数」を使うと、指定した桁数で数値を切り捨てることができます。

● ROUNDDOWN関数

指定した桁数で数値の端数を切り捨てます。

= ROUNDDOWN（数値, 桁数）

❶数値
端数を切り捨てる数値や数式、セルを指定します。

❷桁数
端数を切り捨てた結果の桁数を指定します。

例：
=ROUNDDOWN(1234.56, 1) →1234.5
=ROUNDDOWN(1234.56, 0) →1234
=ROUNDDOWN(1234.56, -1) →1230

2 小計と合計の算出

セル【G7】とセル【G8】に時間内と時間外の賃金の小計を求める数式を入力しましょう。
次に、セル【G9】に賃金の合計を求める数式を入力しましょう。
小計はIF関数を使って、時給が入力されていないときは「0」を表示するようにします。

●セル【G7】の数式

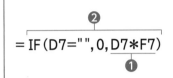

❶セル【D7】の時間内の時給に、セル【F7】の時間内の実働時間の合計をかける
❷セル【D7】が空データであれば「0」を表示し、そうでなければ❶の結果を表示する

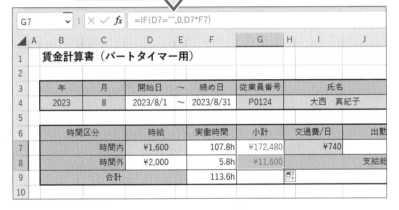

時間内の賃金の小計を求めます。

①セル【G7】に「=IF(D7="",0,D7*F7)」と入力します。

時間外の賃金の小計を求めます。

※セル【G7】には、通貨の表示形式が設定されています。

②セル【G7】を選択し、セル右下の■（フィルハンドル）をセル【G8】までドラッグします。

数式がコピーされます。

賃金の合計を求めます。

③セル【G9】をクリックします。

④《ホーム》タブを選択します。

⑤《編集》グループの［∑］（合計）をクリックします。

⑥数式が「=SUM(G7:G8)」になっていることを確認します。

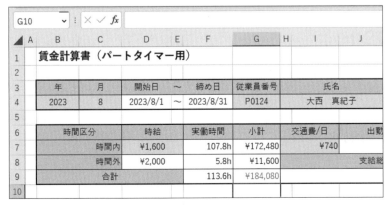

⑦ Enter を押します。

※［∑］（合計）を再度クリックして確定することもできます。

3 出勤日数のカウント

出勤日数を求めましょう。

出勤日数は、C列の出勤/休暇に**「出勤」**と表示されている日数を数えることで求めることができます。

COUNTIF関数を使います。

1 COUNTIF関数

「**COUNTIF関数**」を使うと、条件を満たしているセルの個数を数えることができます。

●COUNTIF関数

指定したセル範囲の中から、指定した条件を満たしているセルの個数を返します。

$$= COUNTIF(範囲, 検索条件)$$

❶範囲

検索の対象となるセル範囲を指定します。

❷検索条件

検索条件を指定します。

検索条件を文字列またはセル、数値、数式で指定します。「">15"」「"<>0"」のように比較演算子を使って指定することもできます。

※条件にはワイルドカード文字が使えます。

例:

セル範囲【D5:D14】の中から「入金済」の個数を求めます。

※引数に文字列を指定する場合、文字列の前後に「"(ダブルクォーテーション)」を入力します。

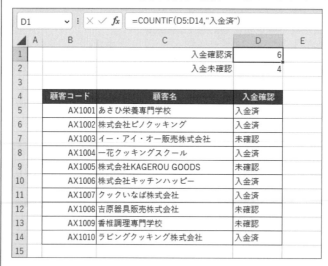

---

2 出勤日数のカウント

COUNTIF関数を使って、セル【J7】に出勤日数を表示する数式を入力しましょう。

●セル【J7】の数式

$$= COUNTIF(C13:C43, "出勤")$$

❶セル範囲【C13:C43】の中から文字列「出勤」と一致するセルの個数を数える

=COUNTIF(C13:C43,"出勤")

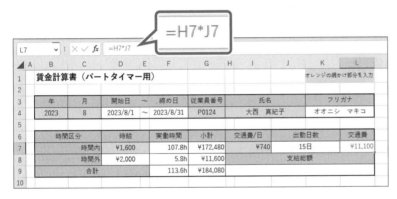

①セル【J7】に「=COUNTIF(C13:C43, "出勤")」と入力します。

出勤日数が表示されます。

※セル【J7】には、「0"日"」の表示形式が設定されています。

4 交通費の算出

セル【L7】に、1か月分の交通費を求める数式を入力しましょう。交通費は出勤した日数分支給されます。

1か月分の交通費は、「**1日分の交通費×出勤日数**」で求められます。

=H7*J7

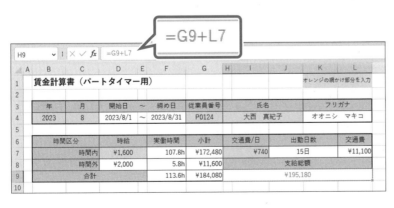

①セル【L7】に「=H7*J7」と入力します。

交通費が表示されます。

※セル【L7】には、通貨の表示形式が設定されています。

5 支給総額の算出

セル【H9】に、支給総額を求める数式を入力しましょう。

支給総額は、「**賃金の合計+交通費**」で求められます。

=G9+L7

①セル【H9】に「=G9+L7」と入力します。

支給総額が表示されます。

※セル【H9】には、通貨の表示形式が設定されています。

STEP 7　シートを保護する

1　シートの保護

シートを保護すると、セルに対して入力や編集などができない状態になるため、誤って必要な数式を消してしまったり、書式が崩れてしまったりすることを防ぐことができます。
シートをテンプレートとして利用する場合などに便利です。シートを保護する場合は、入力する箇所だけを編集できるようにしておきます。
シートを保護する手順は次のとおりです。

1　入力箇所のセルのロックを解除する

↓

2　シートを保護する

■1　セルのロックの解除

シート「**賃金計算書**」で、データを入力する箇所のセルのロックを解除しましょう。
まず、入力が必要なセルのデータをクリアしてから、セルのロックを解除します。

入力箇所のセルのデータをクリアします。

①セル範囲【B4：C4】、セル範囲【G4：H4】、セル【D7】、セル【H7】、セル範囲【D13：D43】、セル範囲【F13：F43】を選択します。

※2箇所目以降のセル範囲は Ctrl を押しながら、選択します。

② Delete を押します。

※数式にエラーが表示されていないことを確認しておきましょう。

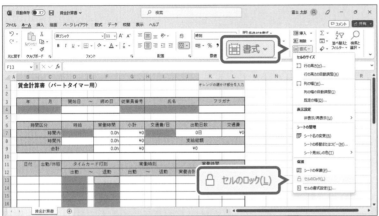

③セル範囲が選択されたままになっていることを確認します。

④《ホーム》タブを選択します。

⑤《セル》グループの 書式 （書式）をクリックします。

⑥《セルのロック》の左側の 🔒 に枠が付いている（ロックされている）ことを確認します。

⑦《セルのロック》をクリックします。

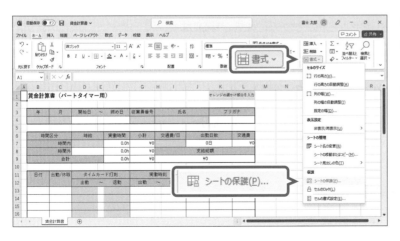

選択したセルのロックが解除されます。

⑧《セル》グループの 書式 （書式）をクリックします。

⑨《セルのロック》の左側の 🔓 に枠が付いていない（ロックが解除されている）ことを確認します。

※任意のセルをクリックし、選択を解除しておきましょう。

STEP UP　その他の方法（セルのロック解除）

◆ セルまたはセル範囲を選択→《ホーム》タブ→《セル》グループの 書式 （書式）→《セルの書式設定》→《保護》タブ→《□ロック》

◆ セルまたはセル範囲を右クリック→《セルの書式設定》→《保護》タブ→《□ロック》

◆ セルまたはセル範囲を選択→ Ctrl + 1 →《保護》タブ→《□ロック》

2 シートの保護

シート「**賃金計算書**」を保護しましょう。

①《ホーム》タブを選択します。

②《セル》グループの 書式 （書式）をクリックします。

③《シートの保護》をクリックします。

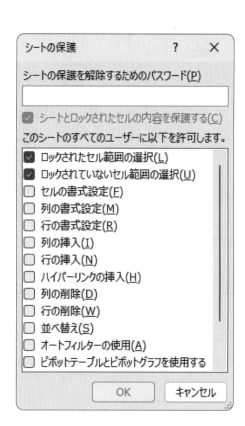

《シートの保護》ダイアログボックスが表示されます。

④《シートとロックされたセルの内容を保護する》を☑にします。

⑤《OK》をクリックします。

シートが保護されます。

※保護されているセルにデータを入力すると、メッセージが表示され入力できないことを確認しておきましょう。
また、ロックを解除したセルにはデータが入力できることを確認しておきましょう。

※ブックに任意の名前を付けて保存し、閉じておきましょう。

POINT　アクティブセルの移動

[Tab]を押すと、ロックを解除したセルだけに、アクティブセルが移動します。

STEP UP　その他の方法（シートの保護）

◆《ファイル》タブ→《情報》→《ブックの保護》→《現在のシートの保護》
◆《校閲》タブ→《保護》グループの（シートの保護）

STEP UP　シートの保護の解除

シートの保護を解除する方法は、次のとおりです。
◆《ホーム》タブ→《セル》グループの（書式）→《シート保護の解除》
※シートを保護するときにパスワードを設定している場合は、パスワードの入力が必要です。

第6章

社員情報の統計

事例と処理の流れを確認する

1 事例

具体的な事例をもとに、どのような社員リストを作成するのかを確認しましょう。

●事例

人事部では、在籍する社員の総人数、男女別人数、年代別人数、平均年齢、平均勤続年月、年代別基本給などの各種統計データを把握したいと考えています。

これまでは、その都度、社員台帳から必要なデータを転記して計算していましたが、より効率的に処理する方法を検討しています。

2 処理の流れ

社員リストを完成させます。次に、完成した社員リストをもとに、関数を使って統計資料を作成します。

●社員リスト

	A	B	C	D	E	F	G	H	I	J
1	社員番号	氏名	フリガナ	性別	生年月日	年齢	入社年月日	勤続年月	基本給	所属部署
2	8604	佐々木 孝二	ササキ コウジ	男	1966/5/31	57歳	1989/4/2	34年3か月	¥435,000	総務部人事課
3	8902	原口 雄太	ハラグチ ユウタ	男	1969/7/16	54歳	1992/4/2	31年3か月	¥410,000	営業部第2営業課
4	9006	嶋田 純一	シマダ ジュンイチ	男	1970/10/16	52歳	1993/10/2	29年9か月	¥395,000	営業部第1営業課
5	9202	富士 一郎	フジ イチロウ	男	1973/2/26	50歳	1995/4/3	28年3か月	¥390,000	営業部第2営業課
6	9203	本田 敬三	ホンダ ケイゾウ	男	1973/1/14	50歳	1995/10/3	27年9か月	¥385,000	製造技術部開発課
7	9301	島谷 秀雄	シマタニ ヒデオ	男	1973/5/5	50歳	1996/4/2	27年3か月	¥387,000	製造技術部調達課
8	9404	山縣 佳子	ヤマガタ ケイコ	女	1974/8/3	48歳	1997/4/2	26年3か月	¥380,000	総務部経理課
9	9504	戸田 道子	トダ ミチコ	女	1971/8/28	51歳	1998/4/2	25年3か月	¥380,000	総務部人事課
10	9601	大野 真琴	オオノ マコト	女	1976/7/2	47歳	1999/4/3	24年3か月	¥375,000	営業部第1営業課
11	9703	近藤 晴彦	コンドウ ハルヒコ	男	1974/12/12	48歳	2000/4/2	23年3か月	¥370,000	製造技術部開発課
12	9711	芳村 正人	ヨシムラ マサト	男	1977/7/16	46歳	2000/4/2	23年3か月	¥365,000	営業部第2営業課
13	9907	宮部 加奈子	ミヤベ カナコ	女	1979/10/14	43歳	2002/4/2	21年3か月	¥340,000	営業部第2営業課
14	0105	花田 洋子	ハナダ ヨウコ	女	1980/6/4	43歳	2004/4/2	19年3か月	¥345,000	製造技術部開発課
15	0212	本庄 雅夫	ホンジョウ マサオ	男	1975/11/4	47歳	2005/4/2	18年3か月	¥320,000	営業部第1営業課
16	0502	橘 紀子	タチバナ ノリコ	女	1985/5/1	38歳	2008/4/2	15年3か月	¥290,000	営業部第1営業課
17		沖田	オキタ		1986/3/	7歳	200	14年3	270,000	部第2営業課

社員情報をもとに、統計処理をする

●統計資料

	A	B	C	D	E	F	G	H	I
1	**社員統計表**								
2	社員数				30名				
3	男女別人数	男			17名				
4		女			13名				
5	所属別人数	総務部人事課			2名				
6		総務部経理課			3名				
7		営業部第1営業課			7名				
8		営業部第2営業課			7名				
9		製造技術部調達課			3名				
10		製造技術部開発課			8名				
11	年代別人数	20歳代			7名				
12		30歳代			8名				
13		40歳代			8名				
14		50歳代			7名				
15	平均年齢				39.4歳				
16	男女別平均年齢	男			40.6歳				
17		女			37.8歳				
18	平均勤続年月				16年6か月				
19	男女別平均勤続年月	男			18年2か月				
20		女			14年4か月				
21	基本給		最高金額	最低金額	平均金額				
22	年代別基本給	20歳代	¥225,000	¥184,500	¥213,643				
23		30歳代	¥290,000	¥230,000	¥254,375				
24		40歳代	¥380,000	¥255,000	¥343,750				
25		50歳代	¥435,000	¥380,000	¥397,429				
26									

1 作成する社員リストの確認

作成する社員リストを確認しましょう。
各社員の年齢や勤続年月は、関数を使って算出すると、常に最新の数値を把握できます。

●社員リスト

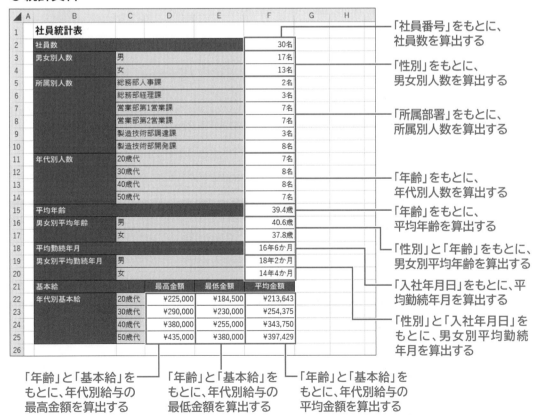

生年月日をもとに、年齢を表示する

入社年月日をもとに、勤続年月を表示する

2 作成する統計資料の確認

作成する統計資料を確認しましょう。
※「」は、社員リストの項目を表しています。

●統計資料

社員統計表					
社員数					30名
男女別人数	男				17名
	女				13名
所属別人数	総務部人事課				2名
	総務部経理課				3名
	営業部第1営業課				7名
	営業部第2営業課				7名
	製造技術部調達課				3名
	製造技術部開発課				8名
年代別人数	20歳代				7名
	30歳代				8名
	40歳代				8名
	50歳代				7名
平均年齢					39.4歳
男女別平均年齢	男				40.6歳
	女				37.8歳
平均勤続年月					16年6か月
男女別平均勤続年月	男				18年2か月
	女				14年4か月
基本給		最高金額	最低金額	平均金額	
年代別基本給	20歳代	¥225,000	¥184,500	¥213,643	
	30歳代	¥290,000	¥230,000	¥254,375	
	40歳代	¥380,000	¥255,000	¥343,750	
	50歳代	¥435,000	¥380,000	¥397,429	

「社員番号」をもとに、社員数を算出する

「性別」をもとに、男女別人数を算出する

「所属部署」をもとに、所属別人数を算出する

「年齢」をもとに、年代別人数を算出する

「年齢」をもとに、平均年齢を算出する

「性別」と「年齢」をもとに、男女別平均年齢を算出する

「入社年月日」をもとに、平均勤続年月を算出する

「性別」と「入社年月日」をもとに、男女別平均勤続年月を算出する

「年齢」と「基本給」をもとに、年代別給与の最高金額を算出する

「年齢」と「基本給」をもとに、年代別給与の最低金額を算出する

「年齢」と「基本給」をもとに、年代別給与の平均金額を算出する

1 年齢の算出

生年月日から年齢を算出しましょう。年齢は生年月日から本日までの期間を年数で表示することによって求めることができます。
DATEDIF関数とTODAY関数を使います。

1 DATEDIF関数・TODAY関数

「DATEDIF関数」を使うと、2つの日付の差を年数、月数、日数などで表示できます。
「TODAY関数」を使うと、コンピューターの本日の日付を表示できます。TODAY関数を入力したセルは、ブックを開くたびに本日の日付が自動的に表示されます。

●DATEDIF関数

指定した日付から指定した日付までの期間を指定した単位で返します。

$$=\text{DATEDIF}(\underset{❶}{開始日},\underset{❷}{終了日},\underset{❸}{単位})$$

---

❶開始日
2つの日付のうち、古い日付を指定します。
※セルを参照するか、日付を「"(ダブルクォーテーション)」で囲んで直接入力します。

❷終了日
2つの日付のうち、新しい日付を指定します。
※セルを参照するか、日付を「"(ダブルクォーテーション)」で囲んで直接入力します。

❸単位
単位を指定します。
※単位の英字は、大文字で入力しても小文字で入力してもかまいません。

単位	意味	例
"Y"	期間内の満年数	=DATEDIF ("2022/1/1","2023/2/5","Y") →1
"M"	期間内の満月数	=DATEDIF ("2022/1/1","2023/2/5","M") →13
"D"	期間内の満日数	=DATEDIF ("2022/1/1","2023/2/5","D") →400
"YM"	1年未満の月数	=DATEDIF ("2022/1/1","2023/2/5","YM") →1
"YD"	1年未満の日数	=DATEDIF ("2022/1/1","2023/2/5","YD") →35
"MD"	1か月未満の日数	=DATEDIF ("2022/1/1","2023/2/5","MD") →4

※DATEDIF関数は、《関数の挿入》ダイアログボックスや《数式》タブから挿入できないため、直接入力します。

●TODAY関数

本日の日付を返します。

$$=\text{TODAY}()$$

※引数は指定しません。

2 年齢の算出

DATEDIF関数とTODAY関数を使って、F列に年齢を求める数式を入力しましょう。

●セル【F2】の数式

```
    ❷
 ┌───────┐
= DATEDIF(E2,TODAY(),"Y")
        └─┘
         ❶
```

❶本日の日付を求める
❷セル【E2】の生年月日から❶で求めた日付までの年数を表示する

 » フォルダー「第6章」のブック「社員リスト」のシート「社員一覧」を開いておきましょう。

	D	E	F	G	H	I	J	K
1	性別	生年月日	年齢	入社年月日	勤続年月	基本給	所属部署	
2	男	1966/5/31	57歳	1989/4/2		¥435,000	総務部人事課	
3	男	1969/7/16	54歳	1992/4/2		¥410,000	営業部第2営業課	
4	男	1970/10/16	52歳	1993/10/2		¥395,000	営業部第1営業課	
5	男	1973/2/26	50歳	1995/4/3		¥390,000	営業部第2営業課	
6	男	1973/1/14	50歳	1995/10/3		¥385,000	製造技術部開発課	
7	男	1973/5/5	50歳	1996/4/2		¥387,000	製造技術部調達課	
8	女	1974/8/3	48歳	1997/4/2		¥380,000	総務部経理課	
9	女	1971/8/28	51歳	1998/4/2		¥380,000	総務部人事課	
10	女	1976/7/2	47歳	1999/4/3		¥375,000	営業部第1営業課	
11	男	1974/12/12	48歳	2000/4/2		¥370,000	製造技術部開発課	
12	男	1977/7/16	46歳	2000/4/2		¥365,000	営業部第2営業課	
13	女	1979/10/14	43歳	2002/4/2		¥340,000	営業部第1営業課	
14	女	1980/6/4	43歳	2004/4/2		¥345,000	製造技術部開発課	
15	男	1975/11/4	47歳	2005/4/2		¥320,000	営業部第1営業課	
16	女	1985/5/1	38歳	2008/4/2		¥290,000	営業部第1営業課	
17	女	1986/3/1	37歳	2009/4/2		¥270,000	営業部第2営業課	

社員一覧　統計　⊕

①セル【F2】に「=DATEDIF(E2,TODAY(),"Y")」と入力します。

年齢が表示されます。

※セル【E2】には、「0"歳"」の表示形式が設定されています。
※本章では、本日の日付を「2023年8月1日」としています。

②セル【F2】を選択し、セルの右下の■（フィルハンドル）をダブルクリックします。

数式がコピーされます。

スピルを使うと…

●セル【F2】の数式

```
= DATEDIF(E2:E31,TODAY(),"Y")
```

※セル範囲【E2:D31】には名前「生年月日」が定義されているため、セル範囲をドラッグで指定すると、数式が「=DATEDIF(生年月日,TODAY(),"Y")」に置き換えられます。

> **POINT** 日付のシリアル値
>
> 数値を「/（スラッシュ）」で区切って入力したり、TODAY関数を使って本日の日付を入力したりすると、セルに日付の表示形式が自動的に設定されて「2023/8/1」のように表示されます。実際にセルに格納されているのは、シリアル値です。
> 日付のシリアル値では、1900年1月1日をシリアル値の「1」として1日ごとに「1」が加算されます。
> 例えば、「2023年8月1日」は「1900年1月1日」から45139日目なので、シリアル値は「45139」になります。表示形式を「標準」にすると、シリアル値を確認できます。

2 勤続年月の算出

各社員の勤続年月を求めましょう。

勤続年月は、入社年月日から本日までの年数と月数を算出することで求めることができます。

1 勤続年数の算出

各社員の勤続年数を求めます。

勤続年数は入社年月日から本日までの期間を年数で表示することによって求めることができます。

DATEDIF関数とTODAY関数を使って、セル【H2】に勤続年数を求める数式を入力しましょう。

● セル【H2】の数式

❷
= DATEDIF (G2 , TODAY ( ) , "Y")
❶

❶本日の日付を求める
❷セル【G2】の入社年月日から❶で求めた日付までの年数を表示する

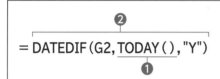

=DATEDIF(G2,TODAY(),"Y")

	D	E	F	G	H	I	J	K
1	性別	生年月日	年齢	入社年月日	勤続年月	基本給	所属部署	
2	男	1966/5/31	57歳	1989/4/2	34	¥435,000	総務部人事課	
3	男	1969/7/16	54歳	1992/4/2		¥410,000	営業部第2営業課	
4	男	1970/10/16	52歳	1993/10/2		¥395,000	営業部第1営業課	
5	男	1973/2/26	50歳	1995/4/3		¥390,000	営業部第2営業課	
6	男	1973/1/14	50歳	1995/10/3		¥385,000	製造技術部開発課	
7	男	1973/5/5	50歳	1996/4/2		¥387,000	製造技術部調達課	
8	女	1974/8/3	48歳	1997/4/2		¥380,000	総務部経理課	
9	女	1971/8/28	51歳	1998/4/2		¥380,000	総務部人事課	
10	女	1976/7/2	47歳	1999/4/3		¥375,000	営業部第1営業課	

①セル【H2】に「=DATEDIF（G2,TODAY（）,"Y"）」と入力します。

勤続年数が表示されます。

スピルを使うと…

● セル【H2】の数式

= DATEDIF (G2 : G31 , TODAY ( ) , "Y")

※セル範囲【G2：G31】には名前「入社年月日」が定義されているため、セル範囲をドラッグで指定すると、数式が「=DATEDIF（入社年月日,TODAY（）,"Y"）」に置き換えられます。

2 勤続年月の算出

セル【H2】の数式を勤続年月が表示されるように編集しましょう。

DATEDIF関数を使って、G列の入社年月日から本日までの期間の年数と1年未満の月数を求め、CONCAT関数を使って、年数と月数を結合し、「〇年〇か月」と表示します。また、IF関数を使って、入社年月日が入力されていないときは、何も表示されないようにします。

●セル【H2】の数式

④
③
= IF (G2="","",CONCAT (
    <u>DATEDIF(G2,TODAY( ),"Y")</u>,"年",<u>DATEDIF(G2,TODAY( ),"YM")</u>,"か月"))
                ❶   ❷

❶セル【G2】の入社年月日から本日までの年数を表示する
❷セル【G2】の入社年月日から本日までの1年未満の月数を表示する
❸❶で求めた年数、「年」、❷で求めた月数、「か月」を結合する
❹セル【G2】の入社年月日が空データであれば何も表示せず、そうでなければ❸の結果を表示する

=IF(G2="","",CONCAT(DATEDIF(G2,TODAY(),"Y"),"年",DATEDIF(G2,
TODAY(),"YM"),"か月"))

	D	E	F	G	H	I	J	K
	性別	生年月日	年齢	入社年月日	勤続年月	基本給	所属部署	
2	男	1966/5/31	57歳	1989/4/2	34年3か月	¥435,000	総務部人事課	
3	男	1969/7/16	54歳	1992/4/2	31年3か月	¥410,000	営業部第2営業課	
4	男	1970/10/16	52歳	1993/10/2	29年9か月	¥395,000	営業部第1営業課	
5	男	1973/2/26	50歳	1995/4/3	28年3か月	¥390,000	営業部第2営業課	
6	男	1973/1/14	50歳	1995/10/3	27年9か月	¥385,000	製造技術部開発課	
7	男	1973/5/5	50歳	1996/4/2	27年3か月	¥387,000	製造技術部調達課	
8	女	1974/8/3	48歳	1997/4/2	26年3か月	¥380,000	総務部経理課	
9	女	1971/8/28	51歳	1998/4/2	25年3か月	¥380,000	総務部人事課	
10	女	1976/7/2	47歳	1999/4/3	24年3か月	¥375,000	営業部第1営業課	

①セル【H2】の数式を「=IF(G2="","",
CONCAT(DATEDIF(G2,TODAY( ),
"Y"),"年",DATEDIF(G2,TODAY( ),
"YM"),"か月"))」に修正します。
勤続年月が表示されます。
②セル【H2】を選択し、セルの右下の■
(フィルハンドル)をダブルクリックします。
数式がコピーされます。

スピルを使うと…

CONCAT関数は、指定したセル範囲の文字列をすべて結合するため、スピルを使った数式には使用できません。
スピルを使う場合には、CONCATENATE関数か、文字列演算子「&(アンパサンド)」を使用します。
CONCATENATE関数を使って勤続年月を求める数式は、次のとおりです。

●セル【H2】の数式

= IF(G2:G31="","",CONCATENATE(DATEDIF(G2:G31,TODAY( ),"Y"),"年",DATEDIF
(G2:G31,TODAY( ),"YM"),"か月"))

※セル範囲【G2:G31】には名前「入社年月日」が定義されているため、セル範囲をドラッグで指定すると、数式
が「=IF(入社年月日="","",CONCATENATE(DATEDIF(入社年月日,TODAY( ),"Y"),"年",DATEDIF(入社
年月日,TODAY( ),"YM"),"か月"))」に置き換えられます。

STEP UP DAYS関数

「DAYS関数」を使うと、2つの日付の間の日数を求めることができます。

●DAYS関数

2つの日付の間の日数を求めます。

= DAYS (<u>終了日</u>, <u>開始日</u>)
       ❶   ❷

---

❶終了日
2つの日付のうち、新しい日付を指定します。

❷開始日
2つの日付のうち、古い日付を指定します。

例:
=DAYS("2023/2/5","2022/1/1")→400

1 社員数のカウント

社員数を求めましょう。

社員数は、シート**「社員一覧」**の社員番号や氏名といった項目のデータの個数を数えることで求めることができます。

ここでは、A列の社員番号を計算対象にしています。

社員番号は数値で入力されているので、COUNT関数を使って個数を求めます。

B列の氏名のように文字列が入力されている列を計算対象にする場合は、COUNTA関数を使います。

1 COUNT関数

「COUNT関数」を使うと、指定した範囲内にある数値の個数を求めることができます。

● COUNT関数

引数に含まれる数値の個数を返します。

$$= COUNT(値1, 値2, \cdots)$$
① (下線: 値1, 値2, ・・・)

①値

対象のセル、セル範囲、数値などを指定します。最大255個まで指定できます。

---

2 社員数のカウント

COUNT関数を使って、シート**「統計」**のセル**【F2】**に社員数を求める数式を入力しましょう。

※シート「社員一覧」には、列ごとに名前が定義されています。

※引数には名前「社員番号」を使います。

=COUNT(社員番号)

①シート**「統計」**のシート見出しをクリックします。

②セル**【F2】**に「=COUNT（社員番号）」と入力します。

社員数が表示されます。

※セル【F2】には、「0"名"」の表示形式が設定されています。

STEP UP COUNTA関数・COUNTBLANK関数

セルの個数を求める関数に、COUNTA関数・COUNTBLANK関数があります。
「COUNTA関数」を使うと、指定した範囲内の空白でないセルの個数を求めることができます。
「COUNTBLANK関数」を使うと、指定した範囲内の空白セルの個数を求めることができます。

●COUNTA関数

引数に含まれるデータ（数値および文字列）の個数を返します。

$$= COUNTA（値1, 値2, \cdots）$$

❶値

対象のセル、セル範囲、数値、文字列などを指定します。最大255個まで指定できます。
※数式が入力されているセルも個数に含みます。

例：
セル範囲【E3:E9】の空白でないセルを数えて勤務日数を求めます。

E10		✕ ✓ fx	=COUNTA(E3:E9)		
◢ A	B	C	D	E	F	G
1						
2	日付	出勤	退勤	出勤/休暇		
3	1(木)	14:00	19:30	出勤		
4	2(金)					
5	3(土)	8:45	16:00	出勤		
6	4(日)	14:00	20:30	出勤		
7	5(月)	9:00	16:00	出勤		
8	6(火)					
9	7(水)	14:30	21:00	出勤		
10	勤務日数			5		
11	休暇日数			2		
12						

●COUNTBLANK関数

引数に含まれる空白のセルの個数を返します。

$$= COUNTBLANK（範囲）$$

❶範囲

対象のセル範囲を指定します。
※空データを返す数式が入力されているセルも空白セルとみなされます。

例：
セル範囲【E3:E9】の空白セルを数えて休暇日数を求めます。

E11		✕ ✓ fx	=COUNTBLANK(E4:E10)		
◢ A	B	C	D	E	F	G
1						
2	日付	出勤	退勤	出勤/休暇		
3	1(木)	14:00	19:30	出勤		
4	2(金)					
5	3(土)	8:45	16:00	出勤		
6	4(日)	14:00	20:30	出勤		
7	5(月)	9:00	16:00	出勤		
8	6(火)					
9	7(水)	14:30	21:00	出勤		
10	勤務日数			5		
11	休暇日数			2		
12						

1

2

3

4

5

6

7

参考学習

総合問題

付録

索引

2 男女別人数のカウント

COUNTIF関数を使って、男女別人数を求める数式を入力しましょう。
男女別人数は、シート「**社員一覧**」のD列の性別が「**男**」または「**女**」のデータの個数を数えることで求めることができます。
※引数には名前「性別」を使います。

●セル【F3】の数式

= COUNTIF(性別, C3)
　　　　　❶

❶名前「性別」の中からセル【C3】の文字列「男」と一致するセルの個数を数える

=COUNTIF(性別,C3)

男性社員の人数を求めます。

①セル【F3】に「=COUNTIF(性別,C3)」と入力します。

男性社員の人数が表示されます。

※セル【F3】には、「0"名"」の表示形式が設定されています。

②セル【F3】を選択し、セルの右下の■（フィルハンドル）をセル【F4】までドラッグします。

数式がコピーされ、女性社員の人数が表示されます。

スピルを使うと…

●セル【F3】の数式

= COUNTIF(性別, C3 : C4)

Let's Try ためしてみよう

セル範囲【F5:F10】に所属別の人数を求める数式を入力しましょう。
※引数には名前「所属部署」を使います。

	A	B	C	D	E	F	G
1		社員統計表					
2		社員数				30名	
3		男女別人数	男			17名	
4			女			13名	
5		所属別人数	総務部人事課			2名	
6			総務部経理課			3名	
7			営業部第1営業課			7名	
8			営業部第2営業課			7名	
9			製造技術部調達課			3名	
10			製造技術部開発課			8名	

Let's Try Answer

①セル【F5】に「=COUNTIF(所属部署,C5)」と入力
②セル【F5】を選択し、セル【F5】の■(フィルハンドル)をセル【F10】までドラッグ

3 年代別人数のカウント

年代別人数を求めましょう。
年代別人数は、シート**「社員一覧」**のF列の年齢の中から、条件を満たすセルの個数を数えることで求めることができます。
COUNTIFS関数を使います。

1 COUNTIFS関数

「**COUNTIFS関数**」を使うと、複数の条件に一致するセルの個数を数えることができます。

● COUNTIFS関数

複数の条件をすべて満たす場合、対応するセルの個数を求めます。

$$=COUNTIFS(\underset{❶}{検索条件範囲1}, \underset{❷}{検索条件1}, \underset{❸}{検索条件範囲2}, \underset{❹}{検索条件2}, \cdots)$$

❶検索条件範囲1
1つ目の検索条件によって検索するセル範囲を指定します。

❷検索条件1
1つ目の条件を文字列またはセル、数値、数式で指定します。「">15"」「"<>0"」のように比較演算子を使って指定することもできます。
「条件範囲」と「条件」の組み合わせは、127個まで指定できます。
※条件にはワイルドカード文字が使えます。

❸検索条件範囲2
2つ目の検索条件によって検索するセル範囲を指定します。

❹検索条件2
2つ目の検索条件を指定します。

例:
=COUNTIFS(A3:A10,"りんご",B3:B10,"青森")
セル範囲【A3:A10】から「りんご」、セル範囲【B3:B10】から「青森」を検索し、「りんご」かつ「青森」の個数を表示します。

---

2 年代別人数のカウント

COUNTIFS関数を使って、セル範囲【F11：F14】に年代別人数を求める数式を入力しましょう。

各年代の範囲は、次のように2つの条件で指定します。「**以上**」の条件はセル範囲【J2：J5】、「**未満**」の条件はセル範囲【K2：K5】に入力しています。

年代	以上	未満
20歳代	>=20	<30
30歳代	>=30	<40
40歳代	>=40	<50
50歳代	>=50	<60

※引数には名前「年齢」を使います。

●セル【F11】の数式

= COUNTIFS（年齢, J2, 年齢, K2）
　　　　　　❶

❶名前「年齢」の中から20歳代の範囲を定める2つの条件に一致するセルの個数を数える

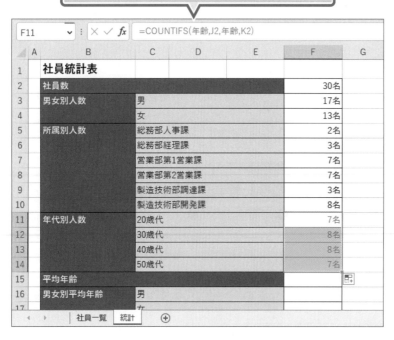

=COUNTIFS（年齢, J2, 年齢, K2）

20歳代の社員数を求めます。

①セル【F11】に「=COUNTIFS（年齢, J2, 年齢, K2）」と入力します。

20歳代の社員数が表示されます。

※セル【F11】には、「0"名"」の表示形式が設定されています。

②セル【F11】を選択し、セルの右下の■（フィルハンドル）をセル【F14】までドラッグします。

数式がコピーされ、各年代の社員数が表示されます。

スピルを使うと…

●セル【F11】の数式

= COUNTIFS（年齢, J2：J5, 年齢, K2：K5）

Screen table content: 社員統計表 etc.

第6章　社員情報の統計

164

平均年齢・平均勤続年月を計算する

1 平均年齢の算出

社員の平均年齢を求めましょう。
平均年齢は、シート**「社員一覧」**のF列の年齢を平均することで求められます。
AVERAGE関数を使います。

1 AVERAGE関数

「AVERAGE関数」を使うと、平均を求めることができます。

● AVERAGE関数

数値の平均値を求めます。

$$=AVERAGE(数値1, 数値2, \cdots)$$
　　　　　　　　❶

---

❶数値
平均する対象のセル、セル範囲、数値などを指定します。最大255個まで指定できます。
例：
=AVERAGE(A1:A10)
=AVERAGE(A5,A10,A15)
=AVERAGE(A1:A10,A22)
=AVERAGE(205,158,198)

---

2 平均年齢の算出

AVERAGE関数を使って、セル【F15】に社員の平均年齢を求める数式を入力しましょう。
※引数には名前「年齢」を使います。

=AVERAGE(年齢)

F15		× ✓ fx	=AVERAGE(年齢)				
A	B	C	D	E	F	G	
11	年代別人数	20歳代			7名		
12		30歳代			8名		
13		40歳代			8名		
14		50歳代			7名		
15	平均年齢				39.4歳		
16	男女別平均年齢	男					
17		女					
18	平均勤続年月						
19	男女別平均勤続年月	男					
20		女					
21	基本給		最高金額	最低金額	平均金額		
22	年代別基本給	20歳代					
23		30歳代					
24		40歳代					

①セル【F15】に「=AVERAGE(年齢)」と入力します。

社員の平均年齢が表示されます。

※セル【F15】には、「0.0"歳"」の表示形式が設定されています。

2 男女別平均年齢の算出

男女別平均年齢を求めましょう。

男女別平均年齢は、シート「**社員一覧**」のD列の性別をもとに、条件を満たすセルのF列の年齢を平均することで求められます。

AVERAGEIF関数を使います。

1 AVERAGEIF関数

「AVERAGEIF関数」を使うと、条件を満たすセルの平均を求めることができます。

●AVERAGEIF関数

条件を満たすセルの平均値を求めます。

=AVERAGEIF（**範囲**, **条件**, **平均対象範囲**）
　　　　　　　　❶　　　❷　　　　❸

---

❶範囲
条件によって検索するセル範囲を指定します。

❷条件
条件を文字列またはセル、数値、数式で指定します。「">15"」「"<>0"」のように比較演算子を使って指定することもできます。
※条件にはワイルドカード文字が使えます。

❸平均対象範囲
❶の値が条件を満たす場合に、平均するセル範囲を指定します。

例：
=AVERAGEIF（A3：A10, "りんご", B3：B10）
セル範囲【A3：A10】から「りんご」を検索し、対応するセル範囲【B3：B10】の値を平均します。

---

2 男女別平均年齢の算出

AVERAGEIF関数を使って、セル範囲【F16：F17】に男女別平均年齢を求める数式を入力しましょう。

※引数には名前「性別」「年齢」を使います。

●セル【F16】の数式

= AVERAGEIF（**性別**, **C16**, **年齢**）
　　　　　　　　　　❶

---

❶名前「性別」の中からセル【C16】の文字列「男」を検索し、条件を満たすセルと同じ行の名前「年齢」の値の平均を求める

=AVERAGEIF(性別,C16,年齢)

| F16 | : × ✓ fx | =AVERAGEIF(性別,C16,年齢) |

▲	A	B	C	D	E	F	G
5		所属別人数	総務部人事課			2名	
6			総務部経理課			3名	
7			営業部第1営業課			7名	
8			営業部第2営業課			7名	
9			製造技術部調達課			3名	
10			製造技術部開発課			8名	
11		年代別人数	20歳代			7名	
12			30歳代			8名	
13			40歳代			8名	
14			50歳代			7名	
15		平均年齢				39.4歳	
16		男女別平均年齢	男			40.6歳	
17			女			37.8歳	
18		平均勤続年月					
19		男女別平均勤続年月	男				
20			女				
21		基本給		最高金額	最低金額	平均金額	

社員一覧 統計 ⊕

男性社員の平均年齢を求めます。

①セル【F16】に「=AVERAGEIF(性別,
C16,年齢)」と入力します。

男性社員の平均年齢が表示されます。

※セル【F16】には、「0.0"歳"」の表示形式が設定
されています。

②セル【F16】を選択し、セルの右下の■
（フィルハンドル）をセル【F17】までドラッ
グします。

数式がコピーされ、女性社員の平均年齢
が表示されます。

スピルを使うと…

●セル【F16】の数式

= AVERAGEIF(性別,C16:C17,年齢)

3 平均勤続年月の算出

社員の平均勤続年月を求めましょう。

まず、AVERAGE関数を使って、シート「**社員一覧**」のG列の入社年月日をもとに平均入社年
月日を求めます。次に、DATEDIF関数を使って平均入社年月日から本日までの期間の年数
と月数を求め、CONCAT関数を使って年数と月数を結合して「〇年〇か月」と表示します。

セル【F18】に、社員の平均勤続年月を求める数式を入力しましょう。

※引数には名前「入社年月日」を使います。

●セル【F18】の数式

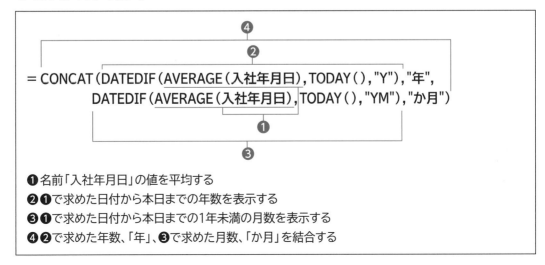

❹
❷
= CONCAT(DATEDIF(AVERAGE(入社年月日),TODAY( ),"Y"),"年",
　　　　DATEDIF(AVERAGE(入社年月日),TODAY( ),"YM"),"か月")
❶
❸

❶名前「入社年月日」の値を平均する
❷❶で求めた日付から本日までの年数を表示する
❸❶で求めた日付から本日までの1年未満の月数を表示する
❹❷で求めた年数、「年」、❸で求めた月数、「か月」を結合する

```
=CONCAT(DATEDIF(AVERAGE(入社年月日),TODAY(),"Y"),"年",
DATEDIF(AVERAGE(入社年月日),TODAY(),"YM"),"か月")
```

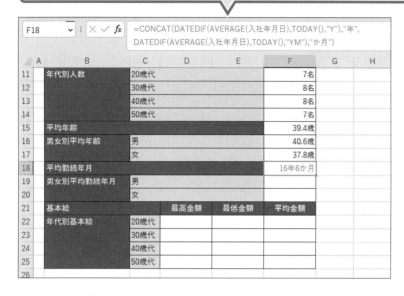

①セル【F18】に「=CONCAT(DATEDIF (AVERAGE(入社年月日),TODAY(), "Y"),"年",DATEDIF(AVERAGE(入社年月日),TODAY(),"YM"),"か月")」と入力します。

社員の平均勤続年月が表示されます。

Let's Try ためしてみよう

セル範囲【F19:F20】に、男女別平均勤続年月を求める数式を入力しましょう。
※引数には名前「性別」「入社年月日」を使います。

	A	B	C	D	E	F	G
11		年代別人数	20歳代			7名	
12			30歳代			8名	
13			40歳代			8名	
14			50歳代			7名	
15		平均年齢				39.4歳	
16		男女別平均年齢	男			40.6歳	
17			女			37.8歳	
18		平均勤続年月				16年6か月	
19		男女別平均勤続年月	男			18年2か月	
20			女			14年4か月	
21		基本給		最高金額	最低金額	平均金額	
22		年代別基本給	20歳代				
23			30歳代				
24			40歳代				
25			50歳代				
26							

 Let's Try Answer

①セル【F19】に「=CONCAT(DATEDIF(AVERAGEIF(性別,C19,入社年月日),TODAY(),"Y"),"年",DATEDIF (AVERAGEIF(性別,C19,入社年月日),TODAY(),"YM"),"か月")」と入力
②セル【F19】を選択し、セルの右下の■(フィルハンドル)をセル【F20】までドラッグ

STEP 5 年代別の基本給の最大値・最小値・平均を求める

1 年代別基本給の最高金額の算出

年代別基本給の最高金額を求めましょう。

年代別基本給の最高金額は、シート**「社員一覧」**のF列の年齢をもとに、条件を満たすセルを I列の中から検索して求めます。

MAXIFS関数を使います。

1 MAXIFS関数

「**MAXIFS関数**」を使うと、複数の条件をすべて満たすセルの中から最大値を求めることができます。

●MAXIFS関数

複数の条件をすべて満たす場合、対応するセル範囲の最大値を求めます。

$$=MAXIFS(\underset{❶}{最大範囲},\underset{❷}{条件範囲1},\underset{❸}{条件1},\underset{❹}{条件範囲2},\underset{❺}{条件2},\cdots)$$

---

❶最大範囲
複数の条件をすべて満たす場合に、最大値を求めるセル範囲を指定します。

❷条件範囲1
1つ目の条件で検索するセル範囲を指定します。

❸条件1
1つ目の条件を文字列またはセル、数値、数式で指定します。「">15"」「"<>0"」のように比較演算子を使って指定することもできます。
「条件範囲」と「条件」の組み合わせは、126個まで指定できます。
※条件にはワイルドカード文字が使えます。

❹条件範囲2
2つ目の条件で検索するセル範囲を指定します。

❺条件2
条件範囲2から検索する条件を数値や文字列で指定します。

例:
セル【H3】にセル範囲【F3:F6】の中から大阪所属の男性の最高点を求めます。

H3		:	× ✓ *fx*	=MAXIFS(F3:F6,D3:D6,"大阪",E3:E6,"男性")			

▲	A	B	C	D	E	F	G	H
1								
2		No.	氏名	所属	性別	点数		大阪所属の男性の最高点
3		1	及川　岳	東京	男性	94		89
4		2	清澄　なつみ	大阪	女性	90		
5		3	櫻木　大晴	大阪	男性	87		
6		4	高橋　健人	大阪	男性	89		
7								

2 年代別基本給の最高金額の算出

MAXIFS関数を使って、セル範囲【D22：D25】に年代別基本給の最高金額を求める数式を入力しましょう。
※引数には名前「基本給」「年齢」を使います。

●セル【D22】の数式

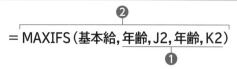

= MAXIFS（基本給, 年齢, J2, 年齢, K2）

❶名前「年齢」の中から20歳代の範囲を定める2つの条件
❷名前「基本給」の中から❶に対応したセルの最大値を表示する

=MAXIFS(基本給,年齢,J2,年齢,K2)

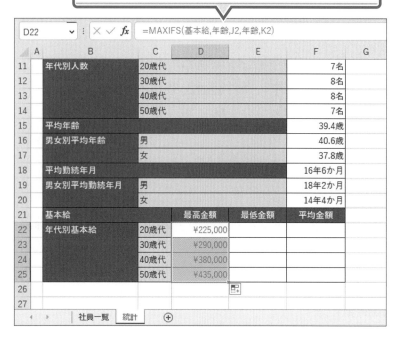

20歳代の基本給の最大値を求めます。

①セル【D22】に「=MAXIFS（基本給, 年齢,J2,年齢,K2）」と入力します。

20歳代の基本給の最大値が表示されます。

※セル【D22】には、通貨の表示形式が設定されています。

②セル【D22】を選択し、セルの右下の■（フィルハンドル）をダブルクリックします。

数式がコピーされ、各年代の基本給の最大値が表示されます。

スピルを使うと…

●セル【D22】の数式

= MAXIFS（基本給, 年齢, J2：J5, 年齢, K2：K5）

2 年代別基本給の最低金額の算出

年代別基本給の最低金額を求めましょう。
年代別基本給の最低金額は、シート「**社員一覧**」のF列の年齢をもとに、条件を満たすセルをI列の中から検索して求めます。
MINIFS関数を使います。

1 MINIFS関数

「**MINIFS関数**」を使うと、複数の条件をすべて満たすセルの中から最小値を求めることができます。

●MINIFS関数

複数の条件をすべて満たす場合、対応するセル範囲の最小値を求めます。

$$=MINIFS(\underset{❶}{最小範囲},\underset{❷}{条件範囲1},\underset{❸}{条件1},\underset{❹}{条件範囲2},\underset{❺}{条件2},・・・)$$

❶最小範囲
複数の条件をすべて満たす場合に、最小値を求めるセル範囲を指定します。

❷条件範囲1
1つ目の条件で検索するセル範囲を指定します。

❸条件1
1つ目の条件を文字列またはセル、数値、数式で指定します。「">15"」「"<>0"」のように比較演算子を使って指定することもできます。
「条件範囲」と「条件」の組み合わせは、126個まで指定できます。
※条件にはワイルドカード文字が使えます。

❹条件範囲2
2つ目の条件で検索するセル範囲を指定します。

❺条件2
条件範囲2から検索する条件を数値や文字列で指定します。

例:
セル【H3】にセル範囲【F3:F6】の中から大阪所属の女性の最低点を求めます。

| H3 | | $\times$ $\checkmark$ fx | =MINIFS(F3:F6,D3:D6,"大阪",E3:E6,"女性") |

	A	B	C	D	E	F	G	H
1								
2		No.	氏名	所属	性別	点数		大阪所属の女性の最低点
3		1	久川　雫	大阪	女性	85		85
4		2	橿原　悠翔	大阪	男性	79		
5		3	水野　香菜	東京	女性	81		
6		4	有浦　乃愛	大阪	女性	90		
7								

2 年代別基本給の最低金額の算出

MINIFS関数を使って、セル範囲【E22:E25】に年代別基本給の最低金額を求める数式を入力しましょう。
※引数には名前「基本給」「年齢」を使います。

●セル【E22】の数式

❷
= MINIFS（基本給, **年齢, J2, 年齢, K2**）
❶

❶ 名前「年齢」の中から20歳代の範囲を定める2つの条件
❷ 名前「基本給」の中から❶に対応したセルの最小値を表示する

=MINIFS(基本給,年齢,J2,年齢,K2)

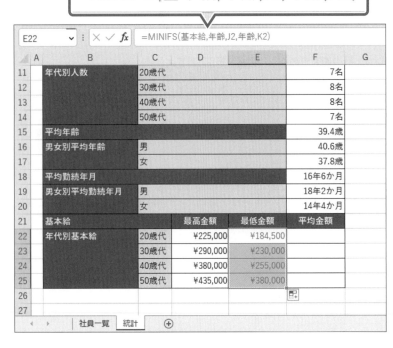

			最高金額	最低金額	平均金額
11	年代別人数	20歳代			7名
12		30歳代			8名
13		40歳代			8名
14		50歳代			7名
15	平均年齢				39.4歳
16	男女別平均年齢	男			40.6歳
17		女			37.8歳
18	平均勤続年月				16年6か月
19	男女別平均勤続年月	男			18年2か月
20		女			14年4か月
21	基本給		最高金額	最低金額	平均金額
22	年代別基本給	20歳代	¥225,000	¥184,500	
23		30歳代	¥290,000	¥230,000	
24		40歳代	¥380,000	¥255,000	
25		50歳代	¥435,000	¥380,000	

20歳代の基本給の最小値を求めます。

①セル【E22】に「=MINIFS（基本給,年齢, J2,年齢,K2）」と入力します。

20歳代の基本給の最小値が表示されます。

※セル【E22】には、通貨の表示形式が設定されています。

②セル【E22】を選択し、セルの右下の ■（フィルハンドル）をダブルクリックします。

数式がコピーされ、各年代の基本給の最小値が表示されます。

スピルを使うと…

●セル【E22】の数式

= MINIFS（基本給, 年齢, J2:J5, 年齢, K2:K5）

年代別基本給の平均金額の算出

年代別基本給の平均金額を求めましょう。
年代別基本給の平均金額は、シート**「社員一覧」**のF列の年齢をもとに、条件を満たすセルの
I列を平均して求めます。
AVERAGEIFS関数を使います。

1 AVERAGEIFS関数

「**AVERAGEIFS関数**」を使うと、複数の条件をすべて満たすセルの平均を求めることができます。

●AVERAGEIFS関数

複数の条件をすべて満たす場合、対応するセル範囲の平均を求めます。

$$=AVERAGEIFS(\underline{平均対象範囲}, \underline{条件範囲1}, \underline{条件1}, \underline{条件範囲2}, \underline{条件2}, ・・・)$$

❶　　　　　　❷　　　　　❸　　　　　❹　　　　　❺

---

❶平均対象範囲
複数の条件をすべて満たす場合に、平均するセル範囲を指定します。

❷条件範囲1
1つ目の条件によって検索するセル範囲を指定します。

❸条件1
1つ目の条件を文字列またはセル、数値、数式で指定します。「">15"」「"<>0"」のように比較演算子を使って指定することもできます。
「条件範囲」と「条件」の組み合わせは、127個まで指定できます。
※条件にはワイルドカード文字が使えます。

❹条件範囲2
2つ目の条件によって検索するセル範囲を指定します。

❺条件2
2つ目の条件を指定します。

※引数の指定順序がAVERAGEIF関数と異なるので、注意しましょう。

例：
=AVERAGEIFS(C3：C10,A3：A10,"りんご",B3：B10,"青森")
セル範囲【A3：A10】から「りんご」、セル範囲【B3：B10】から「青森」を検索し、両方に対応するセル範囲
【C3：C10】の値の平均を求めます。

1
2
3
4
5
6
7
参考学習
総合問題
付録
索引

2 年代別基本給の平均金額の算出

AVERAGEIFS関数を使って、セル範囲【F22:F25】に年代別基本給の平均金額を求める数式を入力しましょう。

※引数には名前「基本給」「年齢」を使います。

●セル【F22】の数式

❷
= AVERAGEIFS(基本給, 年齢, J2, 年齢, K2)
❶

❶名前「年齢」の中から20歳代の範囲を定める2つの条件
❷名前「基本給」の中から❶に対応したセルの平均を表示する

=AVERAGEIFS(基本給,年齢,J2,年齢,K2)

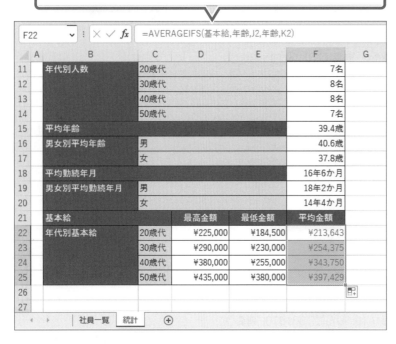

20歳代の基本給の平均を求めます。

①セル【F22】に「=AVERAGEIFS(基本給,年齢,J2,年齢,K2)」と入力します。

20歳代の基本給の平均が表示されます。

※セル【F22】には、通貨の表示形式が設定されています。

②セル【F22】を選択し、セルの右下の■（フィルハンドル）をダブルクリックします。

数式がコピーされ、各年代の基本給の平均が表示されます。

※ブックに任意の名前を付けて保存し、閉じておきましょう。

スピルを使うと…

●セル【F22】の数式

= AVERAGEIFS(基本給, 年齢, J2:J5, 年齢, K2:K5)

第 7 章

出張旅費伝票の作成

出張旅費伝票を確認する

1 出張旅費伝票

業務で職場以外の場所に移動する際に発生する費用を「**出張旅費**」といいます。

一般的に、出張旅費には、電車代、バス代、タクシー代、航空運賃、宿泊代などが含まれます。

出張旅費の基準は、企業によってルールが決められており、それに従って支給されます。

企業によっては、交通費などの実費以外に、食事代が支給されたり、出張手当が支給され

たりします。また、定期券の範囲の交通費は支給対象外であったり、新幹線や飛行機を利用

する出張の場合にはチケット自体が支給されたりすることもあるようです。

このように企業によってルールが異なるため、出張旅費の精算伝票も様々な形式のものが

利用されています。

事例と処理の流れを確認する

1 事例

具体的な事例をもとに、どのような出張旅費伝票を作成するのかを確認しましょう。

●事例

総務部門では、Excelで作成した出張旅費伝票を全社共通のフォーマットとして、各部門に配布しています。従業員が出張先や旅費など所定の内容を申請し、所属長の承認を得て経理部門に提出します。経理部門は、提出された出張旅費伝票を確認し、仮払処理や精算処理をした日付を記録します。

現状の出張旅費伝票は手入力する箇所が多く、頻繁に出張する営業部門から、もっと簡単に入力できるように見直して欲しいという要望があがっています。

これからは、できるだけ手入力する箇所を減らし、短時間で正確に作成できるように出張旅費伝票を加工したいと考えています。

STEP UP 企業の組織

企業は、担当する仕事の内容により「部門」に組織化されています。企業における部門には、次のようなものがあります。

部門	業務内容
人事部門	人材の確保や部門への配置、人材の育成などを行います。 社員に関する様々な業務に関係しています。
総務部門	労務管理や社内環境を整えるなど庶務管理を行います。
経理部門	企業の資金調達、運用などの資金面や資産などの管理をしています。
営業部門	企業が提供する製品やサービスを顧客に販売し、売上を回収します。
マーケティング部門	市場の調査や分析を行います。
購買部門	製品の製造や業務に必要な材料を調達します。
製造部門	製品を製造します。
研究開発部門	製品の開発や研究などを行います。
情報システム部門	社内の情報システムを開発、運営します。

POINT 仮払い

出張にかかる費用相当の金額を、出張前に経理部門から支給してもらうことを「仮払い」といいます。実際にかかった費用は、領収書を添えて出張後に精算します。仮払金額が実際にかかった費用よりも多かった場合は、経理部門に余剰金を返却します。
返却方法は、企業により異なりますが、現金での返却、給料からの控除などがあります。

2 処理の流れ

出張旅費伝票の入力箇所ができるだけ少なくなるように、表に関数などの数式を入力します。
また、誤って必要な数式を消してしまったり、書式が崩れてしまったりすることを防ぐために、入力箇所以外はシートを保護します。

最低限の入力で
すむように加工

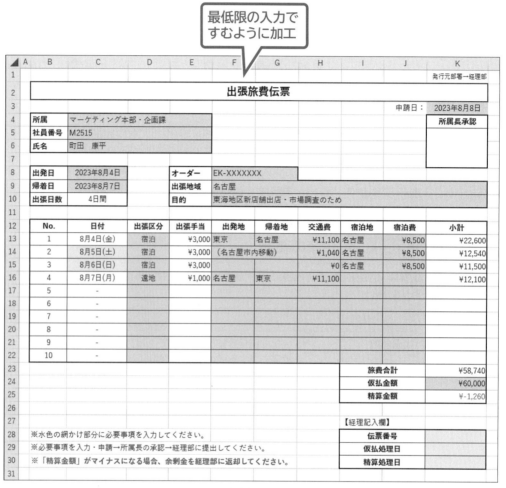

シートを保護

旅費精算をする人が入力する項目と、関数などの数式を使って自動入力させるセルを確認しましょう。

●入力する項目

●関数などを使って自動入力させるセル

出発日と帰着日を入力すると、
出張日数が表示される

出張手当が表示されると、
小計が表示される
交通費と宿泊費を入力すると、
小計に加算される

小計が表示されると、
旅費合計が算出される

仮払金額を入力すると、
旅費合計から仮払金額を引いた
精算金額が算出される

出張日数が表示されると、
日付が表示される

出張区分を入力すると、
出張手当が表示される

1 出張日数の算出

出発日と帰着日をもとに、セル【C10】に出張日数を求める数式を入力しましょう。
出張日数は「**帰着日−出発日+1**」で求められます。
また、IF関数とOR関数を使って、セル【C8】の出発日またはセル【C9】の帰着日が入力されていないときは、何も表示されないようにします。

●セル【C10】の数式

$$= IF\;(\;\overbrace{OR\;(\underbrace{C8="",C9=""}_{❷})\,,\,"",\underbrace{C9-C8+1}_{❶}}^{❸}\;)$$

❶ セル【C9】の帰着日からセル【C8】の出発日を引き、1を足して出張日数を求める
❷「セル【C8】またはセル【C9】が空データである」という条件
❸ ❷の条件のいずれかを満たす場合は何も表示せず、満たさない場合は❶で求めた出張日数を表示する

 » フォルダー「第7章」のブック「出張旅費伝票」のシート「出張旅費伝票」を開いておきましょう。

=IF(OR(C8="",C9=""),"",C9-C8+1)

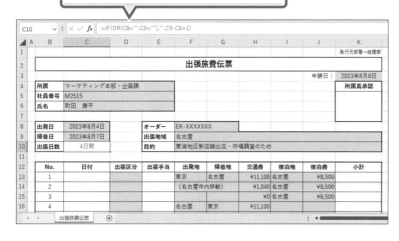

① セル【C10】に「=IF(OR(C8="",C9="")," ",C9-C8+1)」と入力します。

出張日数が表示されます。

※セル【C10】には、「#"日間"」の表示形式が設定されています。

2 日付の自動入力

出張日数が算出されたら、明細部分の日付に出張期間の日付が表示されるように数式を入力しましょう。
出張期間の最初の日付はセル【C8】の出発日を表示します。翌日以降の日付は、上の行の日付に1を足して求めます。出張期間を超えた日付は、出張日数とNo.の数値を比較してNo.が出張日数を超えたら、「-(ハイフン)」を表示するようにします。
また、セル【C10】に出張日数が表示されていないときも、「-(ハイフン)」を表示するようにします。
IF関数とIFS関数を使います。

●セル【C13】の数式

$$= IF(C10="","-",C8)$$
❶

❶セル【C10】が空データであれば「-」を表示し、そうでなければセル【C8】の日付を表示する

●セル【C14】の数式

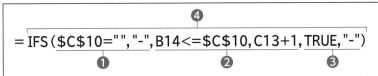

$$= IFS(\$C\$10="","-",B14<=\$C\$10,C13+1,TRUE,"-")$$
❶　　　　　　　　❷　　　　❸

④

❶セル【C10】が空データであれば「-」を返す
❷セル【B14】のNo.がセル【C10】の出張日数以下であればセル【C13】に1を足した日付を返す
❸どの条件も満たさない場合は「-」を返す
④1つ目の条件を満たすときは❶の結果、そうでなければ2つ目の条件を判断して満たすときは❷の結果、どちらの条件も満たさないときは❸の結果を表示する

		出発日	2023年8月4日		オーダー	EK-XXXXXXX					
		帰着日	2023年8月7日		出張地域	名古屋					
		出張日数	4日間		目的	東海地区新店舗出店・市場調査のため					

No.	日付	出張区分	出張手当	出発地	帰着地	交通費	宿泊地	宿泊費	小計
1	8月4日(金)			東京	名古屋	¥11,100	名古屋	¥8,500	
2				(名古屋市内移動)		¥1,040	名古屋	¥8,500	
3						¥0	名古屋	¥8,500	
4				名古屋	東京	¥11,100			
5									
6									
7									
8									
9									
10									

①セル【C13】に「=IF(C10="","-",C8)」と入力します。

1日目の日付が表示されます。

※セル【C13】には、ユーザー定義の表示形式「m/d(aaa)」が設定されています。

`=IFS($C$10="","-",B14<=$C$10,C13+1,TRUE,"-")`

		出発日	2023年8月4日		オーダー	EK-XXXXXXX					
		帰着日	2023年8月7日		出張地域	名古屋					
		出張日数	4日間		目的	東海地区新店舗出店・市場調査のため					

No.	日付	出張区分	出張手当	出発地	帰着地	交通費	宿泊地	宿泊費	小計
1	8月4日(金)			東京	名古屋	¥11,100	名古屋	¥8,500	
2	8月5日(土)			(名古屋市内移動)		¥1,040	名古屋	¥8,500	
3						¥0	名古屋	¥8,500	
4				名古屋	東京	¥11,100			
5									
6									
7									
8									
9									
10									

②セル【C14】に「=IFS($C$10="","-",B14<=$C$10,C13+1,TRUE,"-")」と入力します。

※「=IFS($C$10="","-",B14<=$C$10,C13+1,B14>$C$10,"-")」と入力してもかまいません。

※数式をコピーするため、セル【C10】は常に同じセルを参照するように絶対参照にしておきます。

2日目の日付が表示されます。

③セル【C14】を選択し、セル右下の■（フィルハンドル）をセル【C22】までドラッグします。

		No.	日付	出張区分	出張手当	出発地	帰着地	交通費
8		出発日	2023年8月4日		オーダー	EK-XXXXXXX		
9		帰着日	2023年8月7日		出張地域	名古屋		
10		出張日数	4日間		目的	東海地区新店舗出店・市場調査のため		
12		No.	日付	出張区分	出張手当	出発地	帰着地	交通費
13		1	8月4日(金)			東京	名古屋	¥11,100
14		2	8月5日(土)			(名古屋市内移動)		¥1,040
15		3	8月6日(日)					¥0
16		4	8月7日(月)			名古屋	東京	¥11,100
17		5						
18		6						
19		7						
20		8						
21		9						
22		10						

- セルのコピー(C)
- 書式のみコピー (フィル)(F)
- 書式なしコピー (フィル)(O)
- フラッシュ フィル(F)

出張旅費伝票　⊕

数式がコピーされ、▦ (オートフィルオプション) が表示されます。

コピー元とコピー先の罫線の種類が異なるため、書式以外をコピーします。

④ ▦▾ (オートフィルオプション) をクリックします。

※ ▦ をポイントすると、▦▾ になります。

⑤ 《書式なしコピー (フィル)》をクリックします。

		No.	日付	出張区分	出張手当	出発地	帰着地	交通費
8		出発日	2023年8月4日		オーダー	EK-XXXXXXX		
9		帰着日	2023年8月7日		出張地域	名古屋		
10		出張日数	4日間		目的	東海地区新店舗出店・市場調査のため		
12		No.	日付	出張区分	出張手当	出発地	帰着地	交通費
13		1	8月4日(金)			東京	名古屋	¥11,100
14		2	8月5日(土)			(名古屋市内移動)		¥1,040
15		3	8月6日(日)					¥0
16		4	8月7日(月)			名古屋	東京	¥11,100
17		5	-					
18		6	-					
19		7	-					
20		8	-					
21		9	-					
22		10	-					

出張旅費伝票　⊕

罫線が元の表示に戻ります。

※任意のセルをクリックし、選択を解除しておきましょう。

3　条件付き書式の設定

明細部分の日付が土曜日や日曜日の場合は、セルの色を薄い灰色にしましょう。

「条件付き書式」を使うと、ルール (条件) に基づいてセルに特定の書式を設定することができきます。

条件には、WEEKDAY関数を使って、数式を設定します。

1 WEEKDAY関数

「WEEKDAY関数」を使うと、シリアル値に対応する曜日の番号を表示します。

> ## ●WEEKDAY関数
>
> シリアル値に対応する曜日の番号を返します。
>
> $$= \text{WEEKDAY} (\underset{❶}{\text{シリアル値}}, \underset{❷}{\text{種類}})$$
>
> ---
>
> **❶シリアル値**
> 日付が入力されているセルまたは日付を指定します。
>
> **❷種類**
> 曜日の基準になる種類を指定します。指定した種類に対応する計算結果は、次のとおりです。
>
> | 種類 | 計算結果（指定した種類に対応する曜日の番号） | | | | | | |
> |---|---|---|---|---|---|---|---|
> | | 日 | 月 | 火 | 水 | 木 | 金 | 土 |
> | 1または省略 | 1 | 2 | 3 | 4 | 5 | 6 | 7 |
> | 2 | 7 | 1 | 2 | 3 | 4 | 5 | 6 |
> | 3 | 6 | 0 | 1 | 2 | 3 | 4 | 5 |
>
> **例：**
> =WEEKDAY(A2,2)
> セル【A2】に入力されている日付の曜日を、種類「2」に対応する曜日の番号で返します。
> セル【A2】の日付が「2023/8/1」の場合、「2」（火曜日）を返します。

2 条件付き書式の設定

条件付き書式とWEEKDAY関数を使って、セル範囲【C13:C22】が土曜日・日曜日のときは、セルを薄い灰色にします。

●条件付き書式に設定する数式

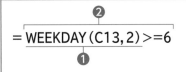

$$= \underset{❶}{\underline{\text{WEEKDAY} (\text{C13}, 2)}} \overset{❷}{>=6}$$

❶セル【C13】の日付から、種類「2」に対応する曜日の番号で返す
※種類「2」の場合、土曜日は「6」、日曜日は「7」になります。
❷❶で求めた曜日の番号が「6（土曜日）」以上を条件とする

書式を設定するセル範囲を選択します。
①セル範囲【C13:C22】を選択します。
②《ホーム》タブを選択します。
③《スタイル》グループの 🎨 条件付き書式 ▾ （条件付き書式）をクリックします。
④《新しいルール》をクリックします。

《新しい書式ルール》ダイアログボックスが
表示されます。

⑤《数式を使用して、書式設定するセルを
　決定》をクリックします。

⑥《次の数式を満たす場合に値を書式設
　定》に「=WEEKDAY（C13,2）>=6」と
　入力します。

⑦《書式》をクリックします。

《セルの書式設定》ダイアログボックスが
表示されます。

⑧《塗りつぶし》タブを選択します。

⑨任意の薄い灰色を選択します。

⑩《OK》をクリックします。

《新しい書式ルール》ダイアログボックスに
戻ります。

⑪《OK》をクリックします。

土曜日と日曜日のセルに薄い灰色の塗り
つぶしが設定されます。

※選択を解除しておきましょう。

出張手当を表示する

1 出張区分の入力と出張手当の表示

セル範囲【D13:D22】に出張区分を入力し、セル範囲【E13:E22】に出張区分に応じた出張手当を表示します。出張手当は、出張区分が「**近地**」のときは0円、「**遠地**」のときは1,000円、「**宿泊**」のときは3,000円とします。

1 データの入力規則

「**データの入力規則**」を設定すると、セルに入力するデータを制限することができます。セル範囲【D13:D22】の出張区分に、「**近地**」「**遠地**」「**宿泊**」のいずれかをリストから選択して入力できるようにしましょう。

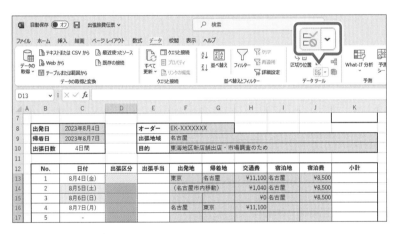

データの入力規則を設定するセル範囲を選択します。

①セル範囲【D13:D22】を選択します。

②《**データ**》タブを選択します。

③《**データツール**》グループの ⊡ (データの入力規則) をクリックします。

《**データの入力規則**》ダイアログボックスが表示されます。

④《**設定**》タブを選択します。

⑤《**入力値の種類**》の ∨ をクリックし、一覧から《**リスト**》をクリックします。

⑥《**元の値**》に「**近地,遠地,宿泊**」と入力します。

※「**, (カンマ)**」は、半角で入力します。

⑦《**OK**》をクリックします。

入力規則が設定されたことを確認します。セル【D13】に「**宿泊**」と入力します。

⑧セル【D13】をクリックします。

⑨ ▼ をクリックし、一覧から「**宿泊**」をクリックします。

※「**近地**」「**遠地**」「**宿泊**」以外のデータを入力すると、エラーメッセージが出ることを確認しておきましょう。

No.	日付	出張区分	出張手当	出発地	帰着地	交通費	宿泊地	宿泊費	小計
1	8月4日(金)	宿泊		東京	名古屋	¥11,100	名古屋	¥8,500	
2	8月5日(土)	宿泊		(名古屋市内移動)		¥1,040	名古屋	¥8,500	
3	8月6日(日)	宿泊				¥0	名古屋	¥8,500	
4	8月7日(月)	遠地		名古屋	東京	¥11,100			
5									
6									
7									
8									
9									
10									

宿泊	旅費合計	
宿泊	仮払金額	¥50,000
遠地	精算金額	

⑩セル範囲【D14：D16】に、図のように出張区分を入力します。

2 SWITCH関数

「SWITCH関数」を使うと、複数の値を検索し、一致した値に対応する結果を表示できます。数値や文字列によってそれぞれ異なる結果を表示したいときに使います。

●SWITCH関数

複数の値の中から「検索値」と一致した「値」に対応する「結果」を返します。一致する「値」がない場合は「既定の結果」を返します。

$$=SWITCH(\underset{❶}{検索値}, \underset{❷}{値1}, \underset{❸}{結果1}, \underset{❹}{値2}, \underset{❺}{結果2}, ・・・, \underset{❻}{既定の結果})$$

---

❶検索値
検索する値を、数値または数式、文字列で指定します。

❷値1
検索値と比較する1つ目の値を、数値または数式、文字列で指定します。

❸結果1
検索値が「値1」に一致したときに返す結果を指定します。
「値」と「結果」の組み合わせは、126個まで指定できます。

❹値2
検索値と比較する2つ目の値を、数値または数式、文字列で指定します。

❺結果2
検索値が「値2」に一致したときに返す結果を指定します。

❻既定の結果
検索値がどの値にも一致しなかったときに返す結果を指定します。省略した場合はエラー「＃N/A」が返されます。

例：
=SWITCH(A1,"A","優","B","良","C","可","不可")
セル【A1】が「A」であれば「優」、「B」であれば「良」、「C」であれば「可」、それ以外は「不可」を表示します。

3 出張手当の表示

SWITCH関数を使って、出張区分が「**近地**」のときは0円、「**遠地**」のときは1,000円、「**宿泊**」のときは3,000円の出張手当が表示されるように、数式を入力しましょう。

●セル【E13】の数式

$$=SWITCH(\underset{❶}{D13,"近地",0,"遠地",1000,"宿泊",3000,""})$$

---

❶セル【D13】の値が「近地」ならば「0」、「遠地」ならば「1000」、「宿泊」ならば「3000」を返し、該当するものがなければ何も表示しない

=SWITCH(D13,"近地",0,"遠地",1000,"宿泊",3000,"")

	A	B	C	D	E	F	G	H	I	J	K
E13			fx	=SWITCH(D13,"近地",0,"遠地",1000,"宿泊",3000,"")							

	No.	日付	出張区分	出張手当	出発地	帰着地	交通費	宿泊地	宿泊費	小計
13	1	8月4日(金)	宿泊	¥3,000	東京	名古屋	¥11,100	名古屋	¥8,500	
14	2	8月5日(土)	宿泊		(名古屋市内移動)		¥1,040	名古屋	¥8,500	
15	3	8月6日(日)	宿泊				¥0	名古屋	¥8,500	
16	4	8月7日(月)	遠地		名古屋	東京	¥11,100			
17	5	-								
18	6	-								
19	7	-								
20	8	-								
21	9	-								
22	10	-								
23									旅費合計	
24									仮払金額	¥60,000
25									精算金額	

①セル【E13】を選択します。

②「=SWITCH(D13,"近地",0,"遠地",1000,"宿泊",3000,"")」と入力します。

1日目の出張手当が表示されます。

※セル【E13】には、通貨の表示形式が設定されています。

③セル【E13】を選択し、セル右下の■（フィルハンドル）をセル【E22】までドラッグします。

	A	B	C	D	E	F	G	H	I	J	K
E13			fx	=SWITCH(D13,"近地",0,"遠地",1000,"宿泊",3000,"")							

	No.	日付	出張区分	出張手当	出発地	帰着地	交通費	宿泊地	宿泊費	小計
13	1	8月4日(金)	宿泊	¥3,000	東京	名古屋	¥11,100	名古屋	¥8,500	
14	2	8月5日(土)	宿泊	¥3,000	(名古屋市内移動)		¥1,040	名古屋	¥8,500	
15	3	8月6日(日)	宿泊	¥3,000			¥0	名古屋	¥8,500	
16	4	8月7日(月)	遠地	¥1,000	名古屋	東京	¥11,100			
17	5	-								
18	6	-								
19	7	-								
20	8	-								
21	9	-								
22	10	-								
23									旅費合計	
24									仮払金額	¥60,000
25									精算金額	

数式がコピーされ、■（オートフィルオプション）が表示されます。

コピー元とコピー先の罫線の種類が異なるため、書式以外をコピーします。

④■・（オートフィルオプション）をクリックします。

※■をポイントすると、■・になります。

⑤《書式なしコピー（フィル）》をクリックします。

スピルを使うと…

●セル【E13】の数式

= SWITCH(D13:D22,"近地",0,"遠地",1000,"宿泊",3000,"")

STEP UP CHOOSE関数

「CHOOSE関数」を使うと、指定した値を検索し、一致した値に対応する結果を表示できます。

●CHOOSE関数

値のリストからインデックスに指定した番号に該当する値を返します。

=CHOOSE(インデックス, 値1, 値2, ・・・)
　　　　　　❶　　　　❷

❶インデックス
❷のリストの何番目の値を選択するかを指定します。数値やセルを指定します。

❷値
❶で選択するリストを指定します。最大254個まで指定できます。

例：
=CHOOSE(2,"日","定休日","火","水","木","金","土")
「日」～「土」のリストから2番目の「定休日」を返します。

STEP 5　精算金額を合計する

1　小計と旅費合計の算出

SUM関数を使って、セル範囲【K13:K22】に、出張手当、交通費、宿泊費を合計する数式を入力しましょう。IF関数を使って、日付が表示されていないときは、何も表示されないようにします。

また、セル【K23】に旅費合計を求める数式を入力しましょう。

●セル【K13】の数式

$$= IF(C13="-","",\underbrace{SUM(E13,H13,J13)}_{①})^{②}$$

❶セル【E13】とセル【H13】とセル【J13】の合計を求める
❷セル【C13】が「-」であれば何も表示せず、そうでなければ❶の結果を表示する

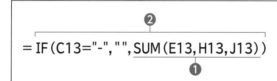

=IF(C13="-","",SUM(E13,H13,J13))

小計を求めます。

①セル【K13】に「=IF(C13="-","",SUM(E13,H13,J13))」と入力します。

小計が表示されます。

※セル【K13】には、通貨の表示形式が設定されています。

②セル【K13】を選択し、セル右下の■（フィルハンドル）をセル【K22】までドラッグします。

旅費合計を求めます。

③セル【K23】をクリックします。

④《ホーム》タブを選択します。

⑤《編集》グループの[Σ]（合計）をクリックします。

⑥数式が「=SUM(K13:K22)」になっていることを確認します。

No.	日付	出張区分	出張手当	出発地	帰着地	交通費	宿泊地	宿泊費	小計
1	8月4日(金)	宿泊	¥3,000	東京	名古屋	¥11,100	名古屋	¥8,500	¥22,600
2	8月5日(土)	宿泊	¥3,000	(名古屋市内移動)		¥1,040	名古屋	¥8,500	¥12,540
3	8月6日(日)	宿泊	¥3,000			¥0	名古屋	¥8,500	¥11,500
4	8月7日(月)	遠地	¥1,000	名古屋	東京	¥11,100			¥12,100
5	-								
6	-								
7	-								
8	-								
9	-								
10	-								
								旅費合計	¥58,740
								仮払金額	¥60,000
								精算金額	
								【経理記入欄】	

⑦ Enter を押します。

※ Σ (合計) を再度クリックして確定することもできます。

旅費合計が表示されます。

2 精算金額の算出

セル【K25】に旅費合計から仮払金額を引いた精算金額を求める数式を入力しましょう。
精算金額が負 (マイナス) の場合には、セル【B30】の3つ目の箇条書きが赤の太字で表示されるように条件付き書式が設定してあります。

=K23-K24

| K25 | fx =K23-K24 |

No.	日付	出張区分	出張手当	出発地	帰着地	交通費	宿泊地	宿泊費	小計
1	8月4日(金)	宿泊	¥3,000	東京	名古屋	¥11,100	名古屋	¥8,500	¥22,600
2	8月5日(土)	宿泊	¥3,000	(名古屋市内移動)		¥1,040	名古屋	¥8,500	¥12,540
3	8月6日(日)	宿泊	¥3,000			¥0	名古屋	¥8,500	¥11,500
4	8月7日(月)	遠地	¥1,000	名古屋	東京	¥11,100			¥12,100
5	-								
6	-								
7	-								
8	-								
9	-								
10	-								
								旅費合計	¥58,740
								仮払金額	¥60,000
								精算金額	¥ -1,260
								【経理記入欄】	
※水色の網かけ部分に必要事項を入力してください。								伝票番号	
※必要事項を入力・申請→所属長の承認→経理部に提出してください。								仮払処理日	
※「精算金額」がマイナスになる場合、余剰金を経理部に返却してください。								精算処理日	

① セル【K25】に「=K23-K24」と入力します。

精算金額が表示されます。

※ セル【K25】には、通貨の表示形式が設定されています。結果が負 (マイナス) の値の場合は赤字で表示されます。

② セル【B30】が赤の太字で表示されていることを確認します。

STEP UP 箇条書きの強調表示

仮払金額が実際にかかった費用よりも多かった場合は、経理部門に余剰金を返却します。ここでは、申請者に返却を促すように、セル【B30】に余剰金が発生した場合は、赤の太字で表示するように条件付き書式を設定しています。

書式ルールの編集　　　　　　　　　? ×

ルールの種類を選択してください(S):

► セルの値に基づいてすべてのセルを書式設定
► 指定の値を含むセルだけを書式設定
► 上位または下位に入る値だけを書式設定
► 平均より上または下の値だけを書式設定
► 一意の値または重複する値だけを書式設定
► 数式を使用して、書式設定するセルを決定

ルールの内容を編集してください(E):

次の数式を満たす場合に値を書式設定(O):

=K25<0 ⬆

──── 精算金額がマイナスという条件
　　　 =K25<0

プレビュー:　　Aaあぁアァ亜宇　　書式(F)...

OK　キャンセル

ためしてみよう

①シート「出張旅費伝票」の入力箇所となるセルのロックを解除しましょう。入力箇所のセルのデータをクリアしてから、セルのロックを解除します。

※水色の網かけ部分が入力箇所です。

②シート「出張旅費伝票」を保護しましょう。

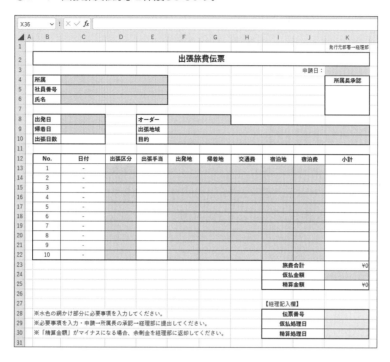

①

①セル【K3】、セル範囲【C4:C6】、セル範囲【C8:C9】、セル【F8】、セル【F9】、セル【F10】、セル範囲【D13:D22】、セル範囲【F13:J22】、セル【K24】を選択

※2箇所目以降のセル範囲は Ctrl を押しながら選択します。

② Delete を押す

③セル【K3】、セル範囲【C4:C6】、セル範囲【C8:C9】、セル【F8】、セル【F9】、セル【F10】、セル範囲【D13:D22】、セル範囲【F13:J22】、セル【K24】が選択されていることを確認

④《ホーム》タブを選択

⑤《セル》グループの 書式 (書式)をクリック

⑥《セルのロック》をクリック

※《セルのロック》の左側の 🔒 に枠が付いていない(ロックが解除されている)状態にします。

②

①《セル》グループの 書式 (書式)をクリック

②《シートの保護》をクリック

③《シートとロックされたセルの内容を保護する》を✔にする

④《OK》をクリック

※ブックに任意の名前を付けて保存し、閉じておきましょう。

参考学習

様々な関数の利用

Excelの新しい関数で集計する

この参考学習では、Excelの新しい関数や、知っておきたい関数の組み合わせ、統計関数や財務関数などを学習します。スピルを使って操作します。

1 集計表の作成

データベースソフトで管理しているデータをExcel形式に変換して取り出し、Excelで集計を行います。

●売上明細

Accessで管理している売上データから、2023年4月1日～2023年6月30日のデータを抽出し、Excel形式に変換して取り出したデータです。変換後に、明細データ全体に名前「**売上明細**」、各フィールドに項目名と同じ名前を定義しています。

1行目の項目名で名前を定義

	A	B	C	D	E	F	G	H	I	J
1	伝票番号	売上日	明細番号	商品コード	商品名	単価	数量	金額	区分コード	商品区分
2	P1001	2023/4/1	1	S2010	SAKURA BEER	¥200	20	¥4,000	B	ビール
3	P1001	2023/4/1	2	C5030	SAKURAスパークリング	¥4,000	5	¥20,000	Z	その他
4	P1001	2023/4/1	3	F3030	スイトピー（赤）	¥3,000	5	¥15,000	C	ワイン
5	P1002	2023/4/1	4	C1050	櫻にごり酒	¥2,500	25	¥62,500	A	日本酒
6	P1002	2023/4/1	5	S2030	クラシック さくら	¥300	40	¥12,000	B	ビール
7	P1003	2023/4/2	6	C1010	櫻金箔酒	¥4,500	5	¥22,500	A	日本酒
8	P1003	2023/4/2	7	F4010	マーガレットVSOP	¥5,000	10	¥50,000	Z	その他
9	P1004	2023/4/2	8	C1030	櫻吟醸酒	¥4,000	15	¥60,000	A	日本酒
10	P1004	2023/4/2	9	F3020	カサブランカ（白）	¥3,000	15	¥45,000	C	ワイン

売上明細

●商品区分別集計（数量）

売上明細から区分コードと商品区分を抜き出し、商品区分ごとの売上数量を合計します。

	A	B	C	D	E	F
1	商品区分別集計（数量）					
2						
3	区分コード	商品区分	数量集計			
4	A	日本酒	859			
5	B	ビール	3,265			
6	C	ワイン	716			
7	Z	その他	427			
8						

区分コードと商品区分を抜き出して一覧を表示する

区分コードごとに数量を集計する

●商品区分別売上明細

売上明細から、商品区分が「**日本酒**」のデータを抽出します。

	A	B	C	D	E	F	G	H	I	J
1	商品区分別売上明細								商品区分	日本酒
2										
3	伝票番号	売上日	明細番号	商品コード	商品名	単価	数量	金額	区分コード	商品区分
4	P1002	45017	4	C1050	櫻にごり酒	¥2,500	25	¥62,500	A	日本酒
5	P1003	45018	6	C1010	櫻金箔酒	¥4,500	5	¥22,500	A	日本酒
6	P1004	45018	8	C1030	櫻吟醸酒	¥4,000	15	¥60,000	A	日本酒
7	P1004	45018	10	C1040	櫻焼酎	¥1,800	10	¥18,000	A	日本酒
8	P1005	45018	13	C1020	櫻大吟醸酒	¥5,500	9	¥49,500	A	日本酒
9	P1011	45020	26	C1010	櫻金箔酒	¥4,500	6	¥27,000	A	日本酒
10	P1012	45020	28	C1030	櫻吟醸酒	¥4,000	5	¥20,000	A	日本酒

2 商品区分別集計（数量）の作成

売上明細から、区分コードと商品区分の一覧を表示し、商品区分ごとの売上数量を合計します。商品区分の一覧は、区分コード順に並べ替えます。
UNIQUE関数、SORT関数、SUMIF関数を使います。

1 UNIQUE関数・SORT関数

「UNIQUE関数」を使うと、データから重複データを除いた値を取り出して表示できます。
「SORT関数」を使うと、値を並べ替えて表示できます。
UNIQUE関数とSORT関数は、結果をスピルで表示する関数です。

●UNIQUE関数

指定した範囲から一意の値（重複しない値）を返します。

=UNIQUE（配列, 列の比較, 回数指定）
        ❶   ❷   ❸

---

❶配列
データを取り出すセル範囲を指定します。

❷列の比較
「FALSE」または「TRUE」を指定します。「FALSE」は省略できます。

FALSE	行同士を比較します。
TRUE	列同士を比較します。

❸回数指定
「FALSE」または「TRUE」を指定します。「FALSE」は省略できます。

FALSE	個別の値をすべて返します。
TRUE	1回だけ出現する値を返します。

●SORT関数

指定した配列を昇順や降順に並べ替え、行方向または列方向に結果を表示します。

=SORT（配列, 並べ替えインデックス, 並べ替え順序, 並べ替え基準）
     ❶   ❷   ❸   ❹

---

❶配列
並べ替えを行うセル範囲を指定します。

❷並べ替えインデックス
並べ替えの基準となるキーを数値で指定します。「2」と指定すると2行目、または2列目となります。
「1」は省略できます。

❸並べ替え順序
「1」（昇順）または「-1」（降順）を指定します。「1」は省略できます。
※日本語は、文字コード順になります。

❹並べ替え基準
「FALSE」または「TRUE」を指定します。「FALSE」は省略できます。

FALSE	行で並べ替えます。
TRUE	列で並べ替えます。

2 商品区分別の集計

UNIQUE関数とSORT関数を使って、シート**「商品区分別集計（数量）」**に、名前**「売上明細」**から区分コードと商品区分を取り出し、商品区分の一覧を表示しましょう。UNIQUE関数の引数**「配列」**で、区分コードと商品区分を範囲指定することで、2つの項目をまとめて取り出すことができます。

次に、SUMIF関数を使って、区分コードごとに売上数量を合計しましょう。

● セル【A4】の数式

$$= SORT(UNIQUE(区分コード:商品区分),1,1)$$

❷
❶

❶ 名前「区分コード」「商品区分」の範囲から一意の値を取り出す
❷ ❶を1列目（区分コード）の昇順に並べ替えて表示する

● セル【C4】の数式

$$= SUMIF(区分コード,A4:A7,数量)$$

❶

❶ 名前「区分コード」からセル範囲【A4：A7】と同じ区分コードを検索し、名前「数量」の対応するセルの値を合計する

» フォルダー「参考学習」のブック「売上明細_2023年1Q.xlsx」を開いておきましょう。

=SORT(UNIQUE(区分コード:商品区分),1,1)

| A4 | : × ✓ fx | =SORT(UNIQUE(区分コード:商品区分),1,1) |

	A	B	C	D	E	F	G	H
1	商品区分別集計（数量）							
2								
3	区分コード	商品区分	数量集計					
4	A	日本酒						
5	B	ビール						
6	C	ワイン						
7	Z	その他						
8								

区分コードと商品区分の一覧を表示します。

① シート**「商品区分別集計（数量）」**のシート見出しをクリックします。

② セル【A4】に**「=SORT(UNIQUE(区分コード：商品区分),1,1)」**と入力します。

セル範囲【A4：B7】が青い枠で囲まれ、一意の区分コードと商品区分が区分コードの昇順で表示されます。

※ 商品区分は、区分コードに対応した状態で表示されていることを確認しておきましょう。

=SUMIF(区分コード,A4:A7,数量)

| C4 | : × ✓ fx | =SUMIF(区分コード,A4:A7,数量) |

	A	B	C	D	E	F	G	H
1	商品区分別集計（数量）							
2								
3	区分コード	商品区分	数量集計					
4	A	日本酒	859					
5	B	ビール	3,265					
6	C	ワイン	716					
7	Z	その他	427					
8								

セル範囲【A4：A7】に表示された区分コードごとに数量を集計します。

③ セル【C4】に**「=SUMIF(区分コード,A4：A7,数量)」**と入力します。

セル範囲【C4：C7】が青い枠で囲まれ、区分コードごとに数量の合計が表示されます。

※ C列には、桁区切りスタイルの表示形式が設定されています。

1

2

3

4

5

6

7

参考学習

総合問題

付録

索引

STEP UP SORTBY関数

「SORTBY関数」を使うと、値を複数のキーを基準に並べ替えて表示することができます。

●SORTBY関数

指定した配列をひとつ以上のキーを基準に昇順や降順に並べ替え、結果を表示します。

$$= SORTBY(\underbrace{配列}_{❶}, \underbrace{基準配列1}_{❷}, \underbrace{並べ替え順序1}_{❸}, \underbrace{基準配列2}_{❹}, \underbrace{並べ替え順序2}_{❺}, \cdots)$$

---

❶配列
並べ替えを行うセル範囲を指定します。

❷基準配列1
1つ目の並べ替えの基準となるキーをセル範囲で指定します。❶の配列と同じサイズのセル範囲を指定します。

❸並べ替え順序1
「1」(昇順)または「-1」(降順)を指定します。
※省略できます。省略すると、「1」を指定したことになります。
※日本語は、文字コード順になります。

❹基準配列2
2つ目の並べ替えの基準となるキーをセル範囲で指定します。

❺並べ替え順序2
2つ目の並べ替えの順序を指定します。

例:
=SORTBY(売上明細,区分コード,1,単価,-1)
名前「売上明細」を、名前「区分コード」の昇順で並べ替え、同じ区分コードがある場合は、名前「単価」の高い順に並べ替えて表示します。

---

3 商品区分ごとの売上明細の抽出

「日本酒」の売上状況を確認するために、名前**「売上明細」**から商品区分が**「日本酒」**のデータを抽出しましょう。条件に応じてデータを取り出すには、FILTER関数を使います。FILTER関数は、結果をスピルで表示する関数です。

1 FILTER関数

「**FILTER関数**」を使うと、リストからデータを抽出して表示することができます。

●FILTER関数

範囲または配列をフィルターし、表示します。

$$= FILTER(\underbrace{配列}_{❶}, \underbrace{含む}_{❷}, \underbrace{空の場合}_{❸})$$

---

❶配列
抽出を行うセル範囲を指定します。

❷含む
抽出する条件を式で指定します。

❸空の場合
該当するデータがない場合に返す値を指定します。
※省略できます。省略すると、該当するデータがない場合は、エラー「#CALC!」が返されます。

2 売上明細からのデータの抽出

名前「**売上明細**」から商品区分が「**日本酒**」のデータをシート「**商品区分別売上明細**」に抽出します。

●セル【A4】の数式

= FILTER（売上明細, 商品区分=J1, "該当するデータがありません"）
❶

❶名前「売上明細」から商品区分がセル【J1】と同じデータを抽出する。同じ商品区分のデータがない場合は、「該当するデータがありません」と表示する

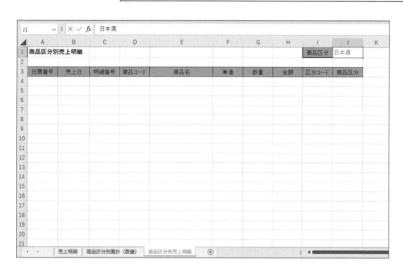

①シート「**商品区分別売上明細**」のシート見出しをクリックします。
②セル【J1】に「**日本酒**」と入力します。

=FILTER（売上明細, 商品区分=J1, "該当するデータがありません"）

③セル【A4】に「**=FILTER（売上明細, 商品区分=J1, "該当するデータがありません"）**」と入力します。

セル範囲【A4：J100】が青い枠で囲まれ、商品区分が「**日本酒**」の売上明細が抽出されます。

※B列には日付、F列とH列には通貨の表示形式が設定されています。
※ブックに任意の名前を付けて保存し、閉じておきましょう。

STEP UP　複数の条件の指定

FILTER関数の引数「含む」で複数の条件を指定する場合は、演算子を使って指定します。
複数の条件を満たす場合は、論理式を「*」でつなぎます。どれか1つを満たす場合は、論理式を「+」でつなぎます。

例：

= FILTER（売上明細,（商品区分="日本酒"）*（単価>=5000）," "）

名前「売上明細」から商品区分が「日本酒」、かつ単価が5,000円以上のデータを抽出します。該当するデータがない場合は、何も表示しません。

= FILTER（売上明細,（商品区分="日本酒"）+（単価>=5000）," "）

名前「売上明細」から商品区分が「日本酒」、または単価が5,000円以上のデータを抽出します。該当するデータがない場合は、何も表示しません。

STEP 2 金種表を作成する

1 金種表

「**金種表**」とは、金種ごとの必要枚数を求めるもので、交通費や給料を現金で支払う場合などに利用されます。
金種ごとの必要枚数を求めるには、INT関数とMOD関数を使います。
次のような金種表を作成しましょう。

	氏名	精算金額	¥10,000	¥5,000	¥1,000	¥500	¥100	¥50	¥10	¥1
1	アルバイト交通費精算・金種表									2023年8月分
3	井口　健二	¥3,822	0	0	3	1	3	0	2	2
4	岡田　徹	¥21,650	2	0	1	1	1	1	0	0
5	小野　宏	¥5,360	0	1	0	0	3	1	1	0
6	斉藤　孝	¥7,830	0	1	2	1	3	0	3	0
7	但馬　綾子	¥18,200	1	1	3	0	2	0	0	0
8	橘　皐月	¥13,550	1	0	3	1	0	1	0	0
9	田中　清一	¥9,820	0	1	4	1	3	0	2	0
10	鶴田　通子	¥25,610	2	1	0	1	1	0	1	0
11	中川　次郎	¥6,930	0	1	1	1	4	0	3	0
12	並木　和也	¥13,520	1	0	3	1	0	0	2	0
13	浜崎　裕輔	¥16,980	1	1	1	1	4	1	3	0
14	松野　康平	¥3,640	0	0	3	1	1	0	4	0
15	武藤　真一	¥15,420	1	1	0	0	4	0	2	0
16	渡辺　祐二	¥7,890	0	1	2	1	3	1	4	0
17	合計枚数		9	9	26	11	32	5	27	2

INT関数　　　　　　　INT関数・MOD関数

1 MOD関数

「**MOD関数**」を使うと、割り算の余りを求めることができます。

●MOD関数

数値を除数で割ったときの余りを返します。

$$= MOD (数値, 除数)$$
　　　　　❶　　　❷

---

❶数値
割られる数値やセルを指定します。

❷除数
割る数値やセルを指定します。

例:
=MOD(13,5)
「13」を「5」で割ったときの余り「3」を返します。

2 金種ごとの枚数の表示

INT関数とMOD関数を使って、金種表を作成できます。金種は大きい順（一万円札、五千円札、千円札、五百円、百円、五十円、十円、一円）に計算するものとし、二千円札は対象外とします。

金額を金種の金額で割ると、その金種の枚数を求めることができます。金種は大きい順に計算し、五千円札以降は、ひとつ大きい金種で割ったときの残額をMOD関数で求め、この残額を計算したい金種で割ってその金種の枚数を求めます。

INT関数とMOD関数を使って、交通費の精算金額に対する金種表を作成しましょう。

●セル【D3】の数式

$$= INT(C3:C16/D2)$$
❶

❶セル範囲【C3:C16】のそれぞれの精算金額をセル【D2】の金種の金額（¥10,000）で割り、端数を切り捨てる

●セル【E3】の数式

$$= INT(\underbrace{MOD(C3:C16,D2:J2)}_{❶}/E2:K2)$$
❷

❶セル範囲【C3:C16】のそれぞれの精算金額を、セル範囲【D2:J2】のそれぞれひとつ大きい金種（答えを求める列の1列左側の金種）の金額で割った余りを求める
❷❶で求めた数値を、セル範囲【E2:K2】のそれぞれの金種で割り、端数を切り捨てる

 » フォルダー「参考学習」のブック「金種表」を開いておきましょう。

=INT(C3:C16/D2)

A	B	C	D ¥10,000	E ¥5,000	F ¥1,000	G ¥500	H ¥100	I ¥50	J ¥10	K ¥1	L	M
1	アルバイト交通費精算・金種表									2023年8月分		
2	氏名	精算金額	¥10,000	¥5,000	¥1,000	¥500	¥100	¥50	¥10	¥1		
3	井口　健二	¥3,822	0									
4	岡田　徹	¥21,650	2									
5	小野　宏	¥5,360	0									
6	斉藤　孝	¥7,830	0									
7	但馬　綾子	¥18,200	1									
8	橘　皐月	¥13,550	1									
9	田中　清一	¥9,820	0									
10	鶴田　通子	¥25,610	2									
11	中川　次郎	¥6,930	0									
12	並木　和也	¥13,520	1									
13	浜崎　裕輔	¥16,980	1									
14	松野　康平	¥3,640	0									
15	武藤　真一	¥15,420	1									
16	渡辺　祐二	¥7,890	0									
17	合計枚数		9	0	0	0	0	0	0	0		

一万円札の枚数を求めます。

①セル【D3】に「=INT(C3:C16/D2)」と入力します。

セル範囲【D3:D16】が青い枠で囲まれ、一万円札の枚数がそれぞれ表示されます。

$$=\text{INT}(\text{MOD}(\text{C3:C16},\text{D2:J2})/\text{E2:K2})$$

| E3 | | ✕ ✓ *fx* | =INT(MOD(C3:C16,D2:J2)/E2:K2) | | | | | | | | | |

	A	B	C	D	E	F	G	H	I	J	K	L	M
1	アルバイト交通費精算・金種表										2023年8月分		
2		氏名	精算金額	¥10,000	¥5,000	¥1,000	¥500	¥100	¥50	¥10	¥1		
3	井口 健二		¥3,822	0	0	3	1	3	0	2	2		
4	岡田 徹		¥21,650	2	0	1	1	1	1	0	0		
5	小野 宏		¥5,360	0	1	0	0	3	1	1	0		
6	斉藤 孝		¥7,830	0	1	2	1	3	0	3	0		
7	但馬 綾子		¥18,200	1	1	3	0	2	0	0	0		
8	橋 皐月		¥13,550	1	0	3	1	0	1	0	0		
9	田中 清一		¥9,820	0	1	4	1	3	0	2	0		
10	鶴田 通子		¥25,610	2	1	0	1	1	0	1	0		
11	中川 次郎		¥6,930	0	1	1	1	9	0	3	0		
12	並木 和也		¥13,520	1	0	3	1	0	0	2	0		
13	浜崎 裕輔		¥16,980	1	1	1	1	4	1	3	0		
14	松野 康平		¥3,640	0	0	3	1	1	0	4	0		
15	武藤 真一		¥15,420	1	1	0	0	4	0	2	0		
16	渡辺 祐二		¥7,890	0	1	2	1	3	1	4	0		
17	合計枚数			9	9	26	11	32	5	27	2		
18													

金種表 ⊕

五千円札以降の枚数を求めます。

②セル【E3】に「=INT(MOD(C3:C16, D2:J2)/E2:K2)」と入力します。

セル範囲【E3:K16】が青い枠で囲まれ、五千円札以降の枚数がそれぞれ表示されます。

※ブックに任意の名前を付けて保存し、閉じておきましょう。

STEP UP QUOTIENT関数

「QUOTIENT関数」を使うと、割り算の商の整数の部分を求めることができます。ただし、QUOTIENT関数はスピルを使うことができません。

●QUOTIENT関数

分子を分母で割ったときの商の整数部を返します。商の余り(小数部)を切り捨てます。

$$=\text{QUOTIENT}(\text{分子}, \text{分母})$$
❶ ❷

❶分子
割られる数値やセルを指定します。

❷分母
割る数値やセルを指定します。

例:
=QUOTIENT(13,5)
「13」を「5」で割ったときの商の整数部「2」を返します。

STEP UP QUOTIENT関数とMOD関数を使う場合

QUOTIENT関数とMOD関数を使って金種の枚数を求める数式は、次のとおりです。

●セル【D3】の数式

```
= QUOTIENT(C3,$D$2)
```

※数式をコピーするため、セル【D2】は常に同じセルを参照するように絶対参照にしておきます。

●セル【E3】の数式

```
= QUOTIENT(MOD($C3,D$2),E$2)
```

※数式をコピーするため、セル【C3】は列を、セル【D2】とセル【E2】は行を常に固定するように複合参照にしておきます。

年齢の頻度分布を求める

1 頻度分布

「**頻度分布**」とは、統計データの散らばりを把握するためのもので、データの特徴や傾向を分析するときに役立つ情報です。
頻度分布を求めるには、FREQUENCY関数を使います。
次のような頻度分布表を作成しましょう。

FREQUENCY関数

	A B	C	D	E	F	G	H	I	J
1	モニター申込者					年代別分布表			
2									
3	No.	氏名	年齢	職業		年代		人数	
4	1	遠藤　直子	38	会社員		20	（20歳以下）	3	
5	2	大川　雅人	24	公務員		30	（21〜30歳）	10	
6	3	梶本　修一	48	会社員		40	（31〜40歳）	7	
7	4	桂木　真紀子	22	学生		50	（41〜50歳）	4	
8	5	木村　進	59	会社員		60	（51〜60歳）	4	
9	6	小泉　優子	62	その他			（61歳以上）	2	
10	7	佐山　薫	29	会社員					
30	27	井〜　健介	4〜	会社員					
31	28	須藤　麻衣	22	学生					
32	29	相川　みどり	21	学生					
33	30	田中　良夫	29	その他					
34									

1 FREQUENCY関数

「**FREQUENCY関数**」を使うと、データの頻度分布を求めることができます。

●FREQUENCY関数

範囲内でのデータの頻度分布を縦方向の数値の配列として返します。

＝FREQUENCY（データ配列, 区間配列）
　　　　　　　　❶　　　　　　❷

---

❶データ配列
頻度分布を求めるデータのセル範囲を指定します。
範囲内の文字列や空白セルは計算対象になりません。

❷区間配列
❶で指定したデータを分類する間隔のセル範囲を指定します。
※頻度分布を表示する範囲は、区間配列で指定するセル範囲よりもひとつ多くなります。
※区間配列で指定するセル範囲に入力する数値は、等間隔でなくてもかまいません。

2 頻度分布の表示

FREQUENCY関数を使って、各年代の頻度分布を求めましょう。

●セル【I4】の数式

= FREQUENCY(D4:D33,G4:G8)

❶

❶セル範囲【D4:D33】から、セル範囲【G4:G8】の間隔で分類した頻度分布を求める

 File OPEN » フォルダー「参考学習」のブック「頻度分布」を開いておきましょう。

=FREQUENCY(D4:D33,G4:G8)

| I4 | fx | =FREQUENCY(D4:D33,G4:G8) |

▲	A	B	C	D	E	F	G	H	I	J	K	L
1		モニター申込者						年代別分布表				
2												
3		No.	氏名	年齢	職業			年代		人数		
4		1	遠藤　直子	38	会社員		20	（20歳以下）	3			
5		2	大川　雅人	24	公務員		30	（21～30歳）	10			
6		3	梶本　修一	48	会社員		40	（31～40歳）	7			
7		4	桂木　真紀子	22	学生		50	（41～50歳）	4			
8		5	木村　進	59	会社員		60	（51～60歳）	4			
9		6	小泉　優子	62	その他			（61歳以上）	2			
10		7	佐山　薫	29	会社員							
11		8	島田　翔	32	会社員							
12		9	辻井　秀子	25	公務員							
13		10	浜崎　秋生	51	会社員							
14		11	平野　篤	27	自営業							
15		12	本多　紀江	20	学生							
16		13	松山　智明	34	公務員							
17		14	森本　武史	36	会社員							
18		15	山野　恵津子	45	その他							
19		16	富山　英	31	会社員							
20		17	斎藤　清美	28	会社員							
21		18	杉田　春代	56	その他							

頻度分布

各年代の頻度分布を求めます。

①セル【I4】に「=FREQUENCY(D4:D33, G4:G8)」と入力します。

セル範囲【I4:I9】が青い枠で囲まれ、各年代の頻度分布が表示されます。

※ブックに任意の名前を付けて保存し、閉じておきましょう。

STEP 4 偏差値を求める

1 標準偏差と偏差値

「**標準偏差**」とは、データのばらつき具合を示す数値です。
標準偏差を求めるには、STDEV.P関数を使います。
「**偏差値**」とは、ある数値が平均値からどの程度ずれているかを示す数値です。例えば、学年テストで個人の成績が全体のどの位置にあるかを客観的に判断する場合などに役立ちます。
偏差値は、平均値と標準偏差をもとに計算します。
次のような個人成績表を作成しましょう。

AVERAGE関数

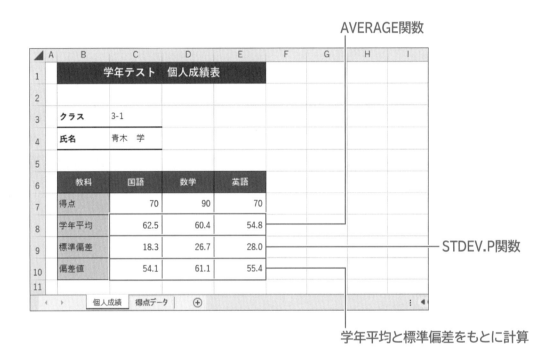

STDEV.P関数

学年平均と標準偏差をもとに計算

1 STDEV.P関数・AVERAGE関数

「**STDEV.P関数**」を使うと、標準偏差を求めることができます。
「**AVERAGE関数**」を使うと、指定した範囲内のデータの平均値を求めることができます。

●STDEV.P関数

ひとつのまとまりの標準偏差を返します。

＝STDEV.P（**数値1, 数値2, ・・・**）
           ❶

---

❶数値
対象のセルやセル範囲、数値などを指定します。最大254個まで指定できます。

2 平均・標準偏差の表示

AVERAGE関数を使って各教科の学年平均を求め、STDEV.P関数を使って各教科の標準偏差を求めます。

ここでは、国語の学年平均、標準偏差を求めてから、数学と英語に数式をコピーします。

●セル【C8】の数式

$$= AVERAGE（得点データ!A3：A152）$$
❶

❶シート「得点データ」のセル範囲【A3：A152】の平均を求める

●セル【C9】の数式

$$= STDEV.P（得点データ!A3：A152）$$
❶

❶シート「得点データ」のセル範囲【A3：A152】の標準偏差を求める

File OPEN » フォルダー「参考学習」のブック「偏差値」のシート「個人成績」を開いておきましょう。

=AVERAGE(得点データ!A3:A152)

| C8 | fx | =AVERAGE(得点データ!A3:A152) |

	A	B	C	D	E	F	G	H	I
1		学年テスト　個人成績表							
2									
3		クラス	3-1						
4		氏名	青木　学						
5									
6		教科	国語	数学	英語				
7		得点	70	90	70				
8		学年平均	62.5						
9		標準偏差							
10		偏差値							
11									
12									
13									
14									
15									
16									

個人成績　得点データ　⊕

国語の学年平均を求めます。

①セル【C8】に「=AVERAGE（得点データ!A3：A152）」と入力します。

※同じブック内の異なるシートのセルの値を参照すると、「シート名!セル位置」と表示されます。

国語の学年平均が表示されます。

※セル【C8】には、小数第1位まで表示する表示形式が設定されています。

=STDEV.P(得点データ!A3:A152)

国語の標準偏差を求めます。

②セル【C9】に「=STDEV.P(得点データ!A3:A152)」と入力します。

国語の標準偏差が表示されます。

※セル【C9】には、小数第1位まで表示する表示形式が設定されています。

③セル範囲【C8:C9】を選択し、セル範囲の右下の■(フィルハンドル)をセル【E9】までドラッグします。

数式がコピーされます。

3 偏差値の表示

学年平均と標準偏差をもとに、個人の偏差値を求めましょう。

偏差値は、「(偏差値を求めたい得点−学年平均)÷標準偏差×10+50」で求めます。

●セル【C10】の数式

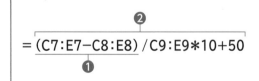

$$= \underbrace{(\text{C7:E7} - \text{C8:E8})}_{\text{❶}}\ \overset{\text{❷}}{\overbrace{/\text{C9:E9} * 10 + 50}}$$

❶セル範囲【C7:E7】の得点からセル範囲【C8:E8】の学年平均をそれぞれ引く

❷❶の結果をセル範囲【C9:E9】の標準偏差でそれぞれ割った結果に10をかけて、50を足す

$$=(C7:E7-C8:E8)/C9:E9*10+50$$

C10		:	× √ fx	=(C7:E7-C8:E8)/C9:E9*10+50				
A	B	C	D	E	F	G	H	I

	学年テスト　個人成績表			
	クラス	3-1		
	氏名	青木　学		
	教科	国語	数学	英語
	得点	70	90	70
	学年平均	62.5	60.4	54.8
	標準偏差	18.3	26.7	28.0
	偏差値	54.1	61.1	55.4

偏差値を求めます。

①セル【C10】に「=(C7:E7-C8:E8)/C9:E9*10+50」と入力します。

セル範囲【C10:E10】が青い枠で囲まれ、それぞれの偏差値が表示されます。

※セル【C10】には、小数第1位まで表示する表示形式が設定されています。

※ブックに任意の名前を付けて保存し、閉じておきましょう。

POINT　**STDEV.P関数とSTDEV.S関数**

どちらも標準偏差を求める関数ですが、計算対象にするデータが異なります。

●**STDEV.P関数**

STDEV.P関数は、分析用に収集した全データを対象に標準偏差を求める場合に使います。

※収集したデータの一部を利用する場合でも、条件を付けて抽出したデータなど、ひとまとまりのデータとして考えられる場合は、全データとみなしてこの関数を利用することができます。

このひとつのまとまりと考えられるデータのことを「母集団」といいます。

例：
学校内全体における1年生の身長データの分析
「1年生の身長データ」は、全データ（学校内全体の身長データ）の一部ですが、1年生を分析の対象にしている場合は、「1年生の身長データ」を母集団と考えることができます。

●**STDEV.S関数**

STDEV.S関数は、「標本データ」から大きな集団の標準偏差を予測する場合に使います。標本データとは、分析用に収集した全データから無作為に抽出した一部のデータのことです。例えば、国勢調査などデータが膨大で分析に時間や費用がかかりすぎる場合や全数調査が不可能な場合のデータに利用します。

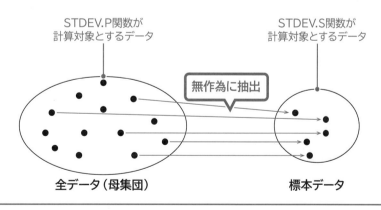

STDEV.P関数が計算対象とするデータ　　　　STDEV.S関数が計算対象とするデータ

無作為に抽出

全データ（母集団）　　　　標本データ

STEP 5 毎月の返済金額を求める

1 返済表

「**返済表**」を作成すると、利率や返済期間、借入金額などに応じた定期的な返済金額を比較できます。返済金額を求めるには、PMT関数を使います。
次のような返済表を作成しましょう。

	A	B	C	D	E	F	G	H
1		海外留学・プラン別返済表						
2								
3		年　利	5.5%					
4		支払日	0	※月初は「1」、月末は「0」を入力				
5								
6		貸付プラン	Aプラン	Bプラン	Cプラン	Dプラン	Eプラン	
7		返済期間	¥250,000	¥300,000	¥500,000	¥1,000,000	¥1,500,000	
8		6か月	¥-42,338	¥-50,805	¥-84,675	¥-169,350	¥-254,026	
9		12か月	¥-21,459	¥-25,751	¥-42,918	¥-85,837	¥-128,755	
10		18か月	¥-14,501	¥-17,402	¥-29,003	¥-58,006	¥-87,009	
11		24か月	¥-11,024	¥-13,229	¥-22,048	¥-44,096	¥-66,143	
12		36か月	¥-7,549	¥-9,059	¥-15,098	¥-30,196	¥-45,294	
13		48か月	¥-5,814	¥-6,977	¥-11,628	¥-23,256	¥-34,885	
14		60か月	¥-4,775	¥-5,730	¥-9,551	¥-19,101	¥-28,652	
15								

——PMT関数

1 PMT関数

「**PMT関数**」を使うと、借り入れをした場合の定期的な返済金額を求めることができます。

●PMT関数

一定利率の支払いが定期的に行われる場合の定期支払額を算出します。

$$=PMT(利率, 期間, 現在価値, 将来価値, 支払期日)$$
　　　　❶　　 ❷　　　 ❸　　　　 ❹　　　 ❺

❶利率
一定の利率を指定します。

❷期間
返済期間全体の返済回数を指定します。
※❶と❷は、時間の単位を一致させます。

❸現在価値
借入金額を指定します。

❹将来価値
最後の支払いを行ったあとに残る借入金額を指定します。省略すると「0」になります。

❺支払期日
返済する期日を指定します。期末の場合は「0」、期首の場合は「1」と指定します。「0」は省略できます。

---

2 返済金額の表示

PMT関数を使って、海外留学費用を借り入れた場合の毎月の返済金額を求めましょう。

●セル【C8】の数式

$$= \text{PMT}(\underset{❶}{C3/12}, \overset{❷}{B8:B14, C7:G7, 0, C4})$$

❶利率は、❷の期間に合わせて、年利を12で割って月利にする
❷❶の月利で、セル範囲【B8:B14】の期間、セル範囲【C7:G7】の借入金額を、月末ごとに返済する場合のそれぞれの毎月の返済金額を求める

» フォルダー「参考学習」のブック「返済表」を開いておきましょう。

=PMT(C3/12,B8:B14,C7:G7,0,C4)

C8		fx	=PMT(C3/12,B8:B14,C7:G7,0,C4)			
	A	B	C	D	E	F	G

海外留学・プラン別返済表

	貸付プラン	Aプラン	Bプラン	Cプラン	Dプラン	Eプラン
年 利		5.5%				
支払日		0 ※月初は「1」、月末は「0」を入力				
返済期間		¥250,000	¥300,000	¥500,000	¥1,000,000	¥1,500,000
6か月		¥-42,338	¥-50,805	¥-84,675	¥-169,350	¥-254,026
12か月		¥-21,459	¥-25,751	¥-42,918	¥-85,837	¥-128,755
18か月		¥-14,501	¥-17,402	¥-29,003	¥-58,006	¥-87,009
24か月		¥-11,024	¥-13,229	¥-22,048	¥-44,096	¥-66,143
36か月		¥-7,549	¥-9,059	¥-15,098	¥-30,196	¥-45,294
48か月		¥-5,814	¥-6,977	¥-11,628	¥-23,256	¥-34,885
60か月		¥-4,775	¥-5,730	¥-9,551	¥-19,101	¥-28,652

①セル【C8】に「=PMT(C3/12,B8:B14,C7:G7,0,C4)」と入力します。

セル範囲【C8:G14】が青い枠で囲まれ、それぞれの返済金額が表示されます。

※セル範囲【C8:G14】には、通貨の表示形式が設定されています。結果がマイナスで表示されるため、赤字で表示されます。
※ブックに任意の名前を付けて保存し、閉じておきましょう。

POINT 利率と期間

利率と期間は、時間的な単位を一致させる必要があります。年利5.5%のローンを利用して月払いで返済する場合、月単位の利率を指定します。月単位の利率は「年利÷12」で求められます。

POINT 財務関数の符号

財務関数では、支払い（手元から出る金額）は「-（マイナス）」、受取や回収（手元に入る金額）は「+（プラス）」で指定します。関数の計算結果も同様です。計算結果を「-（マイナス）」表示にしたくない場合は、数式に「-（マイナス）」をかけて符号を反転させます。

STEP UP　積立金額の算出

PMT関数を使うと、目標金額を貯金する場合の定期的な積立金額を求めることもできます。
積立金額を求める場合には、現在価値に「0」、将来価値に目標金額を設定します。

例：
目標金額の50万円と100万円を、年利1%で貯金する場合の毎月の積立金額を求めます。

●セル【C8】の数式

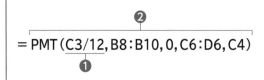

= PMT（C3/12,B8:B10,0,C6:D6,C4）

❶利率は、❷の期間に合わせて、年利を12で割って月利にする
❷❶の月利で、セル範囲【B8：B10】の期間で、0円からセル範囲【C6：D6】を目標金額まで、月末ごとに積み立てる場合のそれぞれの毎月の積立金額を求める

	A	B	C	D	E	F	G
1		積立プラン					
2							
3		年　利	1.0%				
4		支払日	0	※月初は「1」、月末は「0」を入力			
5							
6		目標金額	¥500,000	¥1,000,000			
7		積立期間					
8		12か月	¥-41,476	¥-82,952			
9		24か月	¥-20,634	¥-41,269			
10		36か月	¥-13,687	¥-27,375			
11							

1 積立表

「**積立表**」を作成すると、利率や積立期間、積立金額などに応じた満期後の受取金額を比較できます。受取金額を求めるには、FV関数を使います。
次のような積立表を作成しましょう。

	A	B	C	D	E	F	G	H
1		海外旅行積立プラン						
2		年　利	1.5%					
3		頭　金	¥-10,000					
4		支払日		0	※月初は「1」、月末は「0」を入力			
5								
6		受取額一覧						
7		積立期間／毎月の積立額	6か月	12か月	18か月	24か月		
8		¥-5,000	¥40,169	¥70,565	¥101,190	¥132,045		
9		¥-8,000	¥58,225	¥106,814	¥155,768	¥205,090		
10		¥-10,000	¥70,263	¥130,979	¥192,153	¥253,786		
11		¥-20,000	¥130,451	¥251,808	¥374,078	¥497,268		
12		¥-30,000	¥190,639	¥372,636	¥556,003	¥740,750		
13		¥-50,000	¥311,014	¥614,293	¥919,854	¥1,227,714		
14								
15								

——FV関数

1 FV関数

「**FV関数**」を使うと、預金した場合の満期後の受取金額を求めることができます。

●FV関数

一定利率の支払いを定期的に行った場合の投資の将来価値を返します。

=FV(<u>利率</u>, <u>期間</u>, <u>定期支払額</u>, <u>現在価値</u>, <u>支払期日</u>)
　　❶　　❷　　　　❸　　　　　❹　　　　　❺

---

❶利率
一定の利率を指定します。

❷期間
預入期間全体の預入回数を指定します。
※❶と❷は、時間の単位を一致させます。

❸定期支払額
定期的な支払金額を指定します。支払金額は「-(マイナス)」の数値で指定します。

❹現在価値
最初に預け入れる頭金を指定します。「0」は省略できます。

❺支払期日
預け入れる期日を指定します。期末の場合は「0」、期首の場合は「1」と指定します。「0」は省略できます。

例:
=FV(1%/12,24,-5000,0,0)→¥121,157
毎月5000円を年利1%で2年間(24か月)預金した受取金額を求めます。

2 受取金額の表示

FV関数を使って、海外旅行費用を積み立てた場合の受取金額を求めましょう。

●セル【D8】の数式

❶利率は、❷の期間に合わせて、年利を12で割って月利にする
❷❶の月利で、セル範囲【C7：F7】の期間、セル範囲【B8：B13】の金額を、月末ごとに積み立てた場合のそれぞれの受取金額を求める

 》 フォルダー「参考学習」のブック「積立表」を開いておきましょう。

=FV(C2/12,C7:F7,B8:B13,C3,C4)

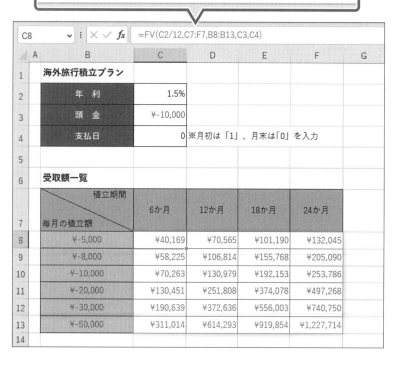

①セル【C8】に「=FV（C2/12,C7：F7, B8：B13,C3,C4）」と入力します。

セル範囲【C8：F13】が青い枠で囲まれ、それぞれの受取金額が表示されます。

※セル範囲【C8：F13】には、通貨の表示形式が設定されています。
※ブックに任意の名前を付けて保存し、閉じておきましょう。

参考学習　様々な関数の利用

210

総合問題

Exercise

総合問題1

標準解答 ▶ P.1

あなたは酒類の卸売会社に勤務しており、顧客リストと商品リストを使って、効率よく見積書を作成したいと考えているところです。
完成図のような見積書を作成しましょう。

※標準解答は、FOM出版のホームページで提供しています。P.4「5 学習ファイルと標準解答のご提供について」を参照してください。

» フォルダー「総合問題1」のブック「見積書」を開いておきましょう。

● 完成図

※本日の日付を「2023年8月1日」としています。

《顧客リスト》

コード	顧客名	住所	担当
1001	レストラン セビッチェ	東京都千代田区外神田X-X-X	伊藤
1002	信吉酒店	東京都渋谷区神南X-X-X　旭ビル2階	渡辺
1003	居酒屋 ヤスベエ	東京都中央区銀座X-X-X　中央ビル15階	沖原
1004	リストランテ ニキータ	東京都港区青山X-X-X	西村
1005	日本料理 貴調	東京都中央区築地X-X-X	山田
1006	和食 路	東京都中央区築地X-X-X	加藤
1007	懐石料理 海星	東京都港区東新橋X-X-X	依田
1008	レストラン サンタンドレ	東京都品川区大井X-X-X	佐藤
1009	居酒屋 白森屋	東京都港区新橋X-X-X	鈴木
1010	南十字星ワインバー	東京都千代田区神田X-X-X	児玉
1011	中国料理 風	東京都中央区銀座X-X-X　コンチホテル3階	花輪
1012	レストラン ベッキオ	東京都港区海岸X-X-X	山本
1013	リストランテ アイチャオ	東京都渋谷区神泉町X-X-X	佐々木
1014	カフェド 友住	東京都目黒区中目黒X-X-X　友住ビル	久保

シート: 見積書 / 顧客リスト / 商品リスト

《商品リスト》

商品番号	商品名	定価	販売価格
10N1100	清酒 月桂樹	1,700	1,550
10N1200	清酒 花吹雪	1,600	1,450
10N1300	純吟 多主丸	3,000	2,700
10N1400	純吟 日本深海	3,200	2,900
10N1500	純米 鶴亀	2,900	2,650
10N1600	純米 霞桜	2,700	2,450
10N1700	大吟醸 大蔵	3,800	3,450
10N1800	大吟醸 六海川	4,800	4,350
20S1100	米焼酎 よいちご	1,800	1,650
20S1200	麦焼酎 吉華	1,700	1,550
20S1300	芋焼酎 錦	1,600	1,450
20S1400	芋焼酎 増風	1,800	1,650
30R1100	シャトー・ネゴロ	9,800	8,850
30R1200	デカーロ・キャンティ	12,000	10,800
30R1300	ボジョレー・ブランジュ	15,000	13,500
30R1400	コート・デュ・ルージュ	64,000	57,600
30R1500	ラフット・ロート・シル	85,000	76,500
40W1100	カリフォルニア・シャルドネ	9,800	8,850
40W1200	シャトー・ヴォー・ヴァン	18,000	16,200
40W1300	ファーブル・シャブリ	18,000	16,200
40W1400	ベイ・ソーベニョン・ブラン	28,000	25,200
40W1500	トスカーナ・ソアーベ	3,500	3,150
50B1100	麦芽2023	3,950	3,600
50B1200	七福	3,800	3,450
50B1300	モルト銀河	4,200	3,800

《商品分類表》

分類コード	N	S	R	W	B
分類名	日本酒	焼酎	赤ワイン	白ワイン	ビール
単位	本	本	箱	箱	ケース

シート: 見積書 / 顧客リスト / 商品リスト

① ブック「**顧客リスト**」のシート「**顧客リスト**」とブック「**商品リスト**」のシート「**商品リスト**」を、ブック「**見積書**」の末尾にそれぞれコピーしましょう。

※コピー後、ブック「顧客リスト」とブック「商品リスト」を保存せずに閉じておきましょう。

② シート「**商品リスト**」のセル範囲【**E3：E27**】に、「**販売価格**」を求める数式を入力しましょう。「**販売価格**」は、「**定価**」の10%OFFの価格を50円単位になるように切り上げます。

(HINT) 10%OFFの価格は、「定価×（1-0.1）」で求めます。

③ 「**選択範囲から作成**」を使って、次のように名前を定義しましょう。

対象	セル範囲	名前
商品リスト	シート「商品リスト」の【B2：E27】	各列の1行目の項目名
商品分類表	シート「商品リスト」の【G2：L4】	各行の1列目の項目名
顧客リスト	シート「顧客リスト」の【B2：E16】	各列の1行目の項目名

(HINT) 商品分類表は、データが横方向に入力されています。項目名は、左端列です。

213

④ シート「**見積書**」のセル【G3】に、本日の日付を表示する数式を入力しましょう。

⑤ シート「**見積書**」のセル【C7】に、セル【B7】の「**コード**」をもとに名前「**コード**」を検索して「**顧客名**」を表示する数式を入力しましょう。
「**顧客名**」は、表示例のように「**御中**」と結合し、「**顧客名**」と「**御中**」の間に全角空白を表示します。

> 表示例：レストラン セビッチェ　御中

⑥ シート「**見積書**」のセル【C7】の数式がエラー「**#N/A**」となった場合に、「**不明**」と表示されるように編集しましょう。

⑦ シート「**見積書**」のセル範囲【C20:C31】に、セル範囲【B20:B31】の「**商品番号**」をもとに名前「**商品番号**」を検索して「**商品名**」を表示し、一致しない場合は何も表示しない数式を入力しましょう。

> 表示例：麦芽2023

(HINT) 参照用の表で番号が横方向に入力されている場合も、XLOOKUP関数を使います。

⑧ シート「**見積書**」のセル範囲【E20:E31】に、セル範囲【B20:B31】の「**商品番号**」をもとに名前「**分類コード**」を検索して「**単位**」を表示し、一致しない場合は何も表示しない数式を入力しましょう。「**分類コード**」は「**商品番号**」の3文字目を参照して検索します。

⑨ シート「**見積書**」のセル範囲【F20:F31】に、セル範囲【B20:B31】の「**商品番号**」をもとに名前「**商品番号**」を検索して「**販売価格**」を表示し、一致しない場合は何も表示しない数式を入力しましょう。

⑩ シート「**見積書**」のセル範囲【G20:G31】に、「**金額**」を求める数式を入力しましょう。また、「**単価**」が未入力の場合は、何も表示されないようにします。

⑪ シート「**見積書**」のセル【G32】に、「**小計**」を求める数式を入力しましょう。

⑫ シート「**見積書**」のセル【G33】に、「**消費税**」を求める数式を入力しましょう。「**消費税**」はセル【F33】の消費税率を使い、小数点以下を切り捨てます。

⑬ シート「**見積書**」のセル【G34】に、「**合計**」を求める数式を入力しましょう。

⑭ シート「**見積書**」のセル【C15】に、「**合計**」の金額を参照した「**合計金額**」を求める数式を入力しましょう。金額は「**○,○○○円（税込）**」と全角の数字で表示します。

※ブックに任意の名前を付けて保存し、閉じておきましょう。

総合問題2

PDF 標準解答 ▶ P.4

あなたは、パソコン関連の教育を実施する会社に勤務しており、2023年3月に開催したセミナーの実施状況についてまとめているところです。
受講管理システムからデータを取り込んで、完成図のような集計表を作成しましょう。

» フォルダー「総合問題2」のブック「セミナー実施集計」のシート「2023年3月度」を開いておきましょう。
※アクティブシートを切り替えて、各シートの内容を確認しておきましょう。

●完成図

開催日	会場	セミナー名	セミナー区分	受講料	定員	受講者数	売上高	
2023/3/1	新宿	Excel2021基礎	表計算	20,000	20	15	300,000	
2023/3/1	千葉	Excel2021基礎	表計算	20,000	15	10	200,000	
2023/3/2	秋葉原	初心者のためのパソコン入門	入門	18,000	20	18	324,000	
2023/3/2	渋谷	Excel2021基礎	表計算	20,000	15	12	240,000	
2023/3/2	新宿	Excel2021応用	表計算	25,000	20	15	375,000	
2023/3/3	秋葉原	Excel2021応用	表計算	25,000	20	15	375,000	
2023/3/3	渋谷	Excel2021応用	表計算	25,000	15	12	300,000	
2023/3/3	新宿	Word2021基礎	文書作成	20,000	20	15	300,000	
2023/3/4	秋葉原	Excel2021基礎	表計算	20,000	20	20	400,000	
2023/3/4	新宿	Word2021応用	文書作成	25,000	20	12	300,000	
2023/3/4	千葉	Word2021基礎	文書作成	20,000	15	12	240,000	
2023/3/5	秋葉原	PowerPoint2021応用	プレゼンテーション	25,000	20	18	450,000	
2023/3/5	渋谷	初心者のためのパソコン入門	入門	18,000	15	12	216,000	
2023/3/5	新宿	Access2021基礎	データベース	25,000	20	18	450,000	
2023/3/5	千葉	Excel2021基礎	表計算	20,000	15	15	300,000	
2023/3/8	秋葉原	Access2021応用	データベース	30,000	20	12	360,000	
2023/3/8	渋谷	PowerPoint2021応用	プレゼンテーション	25,000	15	15	375,000	
2023/3/8	新宿	Excel2021基礎	表計算	20,000	20	18	360,000	
2023/3/8	新宿	Access2021応用	データベース	30,000	20	18	540,000	
2023/3/8	千葉	Access2021基礎	データベース	25,000	15	15	...000	
2023/3/22	新宿	Access2021応用	データベース	30,000	20	15	450,000	
2023/3/23	秋葉原	PowerPoint2021基礎	プレゼンテーション	20,000	20	15	300,000	
2023/3/23	渋谷	Excel2021基礎	表計算	20,000	15	15	300,000	
2023/3/23	新宿	PowerPoint2021基礎	プレゼンテーション	20,000	20	15	300,000	
2023/3/24	渋谷	Excel2021応用	表計算	25,000	15	10	250,000	
2023/3/24	新宿	初心者のためのパソコン入門	入門	18,000	20	15	270,000	
2023/3/24	千葉	Excel2021 & Word2021入門	入門	20,000	15	15	300,000	
2023/3/25	秋葉原	Excel2021基礎	表計算	20,000	20	18	360,000	
2023/3/28	秋葉原	Word2021応用	文書作成	25,000	20	20	500,000	
2023/3/29	渋谷	Excel2021 & Word2021入門	入門	20,000	15	15	300,000	
2023/3/29	新宿	Word2021応用	文書作成	25,000	20	15	375,000	
2023/3/30	秋葉原	PowerPoint2021基礎	プレゼンテーション	20,000	20	18	360,000	
2023/3/31	渋谷	Excel2021基礎	表計算	20,000	15	12	240,000	

シート: 2023年3月度 | セミナー別 | 会場別セミナー区分別

セミナー別実施状況

セミナー名	定員	受講者数	受講率	順位	開催回数	平均受講者数
初心者のためのパソコン入門	110	90	82%	6	6	15.0
Excel2021 & Word2021入門	85	78	92%	3	5	15.6
経理のためのExcel入門	40	27	68%	11	2	13.5
Excel2021基礎	265	241	91%	4	15	16.1
Excel2021応用	110	79	72%	10	6	13.2
Word2021基礎	100	72	72%	8	6	12.0
Word2021応用	90	70	78%	7	5	14.0
PowerPoint2021基礎	95	78	82%	5	5	15.6
PowerPoint2021応用	55	53	96%	1	3	17.7
Access2021基礎	110	102	93%	2	6	17.0
Access2021応用	100	72	72%	8	5	14.4

シート: 2023年3月度 | セミナー別 | 会場別セミナー区分別

	入門	表計算	文書作成	データベース	プレゼンテーション	合計
会場別セミナー区分別売上集計						
秋葉原	594,000	2,630,000	500,000	2,070,000	1,110,000	6,904,000
渋谷	1,032,000	1,630,000	600,000	375,000	375,000	4,012,000
新宿	1,254,000	2,545,000	1,275,000	1,890,000	1,100,000	8,064,000
千葉	300,000	800,000	815,000	375,000	300,000	2,590,000
合計	3,180,000	7,605,000	3,190,000	4,710,000	2,885,000	21,570,000

シート: 2023年3月度 / セミナー別 / 会場別セミナー区分別

① データがタブで区切られたテキストファイル「**3月度実施状況**」をテーブルとして取り込みましょう。取り込み先は、シート「**2023年3月度**」のセル【A1】とします。
次に、受講料に桁区切りスタイルを設定しましょう。

② シート「**2023年3月度**」のH列に、「**売上高**」を求める数式を入力しましょう。セル【H1】に項目名「**売上高**」を入力し、数値には桁区切りスタイルを設定します。

(HINT) 売上高は「受講料×受講者数」で求めます。

③ 「**選択範囲から作成**」を使って、シート「**2023年3月度**」の各列に名前を定義しましょう。名前は1行目の項目名を使います。

④ シート「**セミナー別**」のC列とD列に、シート「**2023年3月度**」をもとにセミナー別の「**定員**」と「**受講者数**」の総数を求める数式を入力しましょう。引数には名前「**セミナー名**」「**定員**」「**受講者数**」を使います。

⑤ シート「**セミナー別**」のE列に、セミナー別の「**受講率**」を求める数式を入力しましょう。

(HINT) 受講率は「受講者数÷定員」で求めます。

⑥ シート「**セミナー別**」のF列に、受講率の高い順に「**順位**」を表示する数式を入力しましょう。

⑦ シート「**セミナー別**」のG列に、シート「**2023年3月度**」をもとにセミナー別の開催回数を求める数式を入力しましょう。引数には名前「**セミナー名**」を使います。

⑧ シート「**セミナー別**」のH列に、シート「**2023年3月度**」をもとにセミナー別の受講者数の平均を求める数式を入力しましょう。引数には名前「**セミナー名**」「**受講者数**」を使います。

⑨ シート「**会場別セミナー区分別**」のセル範囲【C4：G7】に、シート「**2023年3月度**」をもとに会場とセミナー区分別の売上高を求める数式を入力しましょう。引数には名前「**売上高**」「**会場**」「**セミナー区分**」を使います。

⑩ ブック「**セミナー実施集計**」に読み取りパスワード「**202303**」を設定し、「**セミナー実施集計（2023年3月度）**」と名前を付けて保存しましょう。

※ブックを閉じておきましょう。

総合問題3

標準解答 ▶ P.7

あなたの会社でアルバイト社員を雇うことが決まり、勤務予定を把握するための表を作成することになりました。
完成図のような勤務予定表を作成しましょう。

フォルダー「総合問題3」のブック「月間予定表」を開いておきましょう。

●完成図

	日数	0日	勤務予定時間計	0:00
	休み	0日	時給	
	出勤日数	0日	支払い予定金額	0円

（表上部）

年	月	氏名	フリガナ	開始日	締め日

日付	曜日	シフト	開始時間	終了時間	勤務時間

■連絡事項■

＊1.予定なので、変更になる場合があります。

＊2.都合が悪い場合は、至急お知らせください。

月間予定表

① セル【F4】に、セル【B4】とセル【C4】をもとに「開始日」を表示する数式を入力しましょう。
「開始日」は各月の1日とします。
また、セル【B4】またはセル【C4】が未入力の場合は、何も表示されないようにします。

② セル【G4】に、セル【B4】とセル【C4】をもとに「締め日」を表示する数式を入力しましょう。
「締め日」は各月の最終日とします。
また、セル【B4】またはセル【C4】が未入力の場合は、何も表示されないようにします。

③ セル範囲【B7:B37】に、「開始日」と「締め日」をもとに「日付」を求める数式を入力しましょう。
また、締め日を過ぎた日付は表示されないようにします。

④ セル範囲【C7:C37】に、「日付」を参照して「曜日」を表示する数式を入力しましょう。

(HINT) 日付を参照して曜日を表示するには、TEXT関数を使って、表示形式「aaa」を指定します。

⑤ セル範囲【E7:F37】に、次のように「開始時間」と「終了時間」を表示する数式を入力しましょう。

●開始時間

> 日付が空白の場合は「-」を表示
> シフトが空白ではない場合は、次のように処理をする
> 　　早番の場合は「9:00」を表示
> 　　中番の場合は「13:00」を表示
> 　　遅番の場合は「18:00」を表示
> 　　ほかの文字列の場合は何も表示しない
> 上記のどの条件にも当てはまらない場合は何も表示しない

●終了時間

> 日付が空白の場合は「-」を表示
> シフトが空白ではない場合は、次のように処理をする
> 　　早番の場合は「13:00」を表示
> 　　中番の場合は「18:00」を表示
> 　　遅番の場合は「22:00」を表示
> 　　ほかの文字列の場合は何も表示しない
> 上記のどの条件にも当てはまらない場合は何も表示しない

(HINT) 複数の検索値に対応して値を表示するには、SWITCH関数を使います。
空白ではないという条件は演算子「<>」を使います。

⑥ セル範囲【G7:G37】に、「勤務時間」を求める数式を入力しましょう。
また、数式がエラーの場合は何も表示されないようにします。

⑦ セル【C39】に、「**開始日**」と「**締め日**」をもとに1か月の「**日数**」を求める数式を入力しましょう。
また、セル【B4】またはセル【C4】が未入力の場合は、「**0**」を表示するようにします。

(HINT) 1か月の日数は「締め日−開始日+1」で求めます。

⑧ セル【C40】に、「**開始時間**」をもとに「**休み**」の日数を求める数式を入力しましょう。
また、セル【B4】またはセル【C4】が未入力の場合は、「**0**」を表示するようにします。

(HINT) 空白のセルの個数を求めるには、COUNTBLANK関数を使います。

⑨ セル【C41】に、「**出勤日数**」を求める数式を入力しましょう。
また、セル【B4】またはセル【C4】が未入力の場合は、「**0**」を表示するようにします。

⑩ セル【E41】に、「**支払い予定金額**」を求める数式を入力しましょう。小数が発生する場合
は、小数第1位を切り上げます。
なお、時給はセル【E40】を使います。

(HINT) 「勤務予定時間計」はシリアル値のため、24をかけて時間を表す数値に変換します。

⑪ 入力箇所のセル（セル範囲【B4:D4】、セル範囲【D7:D37】、セル【E40】）のデータを
クリアし、セルのロックを解除しましょう。
次に、シートを保護しましょう。

※ブックに任意の名前を付けて保存し、閉じておきましょう。

総合問題4

標準解答 ► P.9

あなたは、食料品を販売する会社に勤務しており、新商品のプロモーションの一環として、運営する全店舗で発売記念イベントを実施しました。その結果を報告するため、実施期間中の売上データをまとめているところです。
売上データを取り込んで、完成図のような集計表を作成しましょう。

 » フォルダー「総合問題4」のブック「集計」のシート「売上」を開いておきましょう。
※アクティブシートを切り替えて、各シートの内容を確認しておきましょう。

●完成図

新商品イベント期間売上データ

売上日	売上コード	店舗コード	商品コード	売上金額
2023/7/1	110-1010	110	1010	42,250
2023/7/1	110-1020	110	1020	14,850
2023/7/1	110-2010	110	2010	26,950
2023/7/1	110-2020	110	2020	26,950
2023/7/1	120-1010	120	1010	16,300
2023/7/1	120-1020	120	1020	18,400
2023/7/1	120-2010	120	2010	23,400
2023/7/1	120-2020	120	2020	19,850
2023/7/1	130-1010	130	1010	12,750
2023/7/1	130-1020	130	1020	14,850
2023/7/1	130-2010	130	2010	26,950
2023/7/1	130-2020	130	2020	37,600
2023/7/1	140-1010	140	1010	16,300
2023/7/1	140-1020	140	1020	21,950
2023/7/1	140-2010	140	2010	19,850
2023/7/1	140-2020	140	2020	9,200
2023/7/1	150-1010	150	1010	19,850
2023/7/1	150-1020	150	1020	18,400
2023/7/1	150-2010	150	2010	19,850
2023/7/1	150-2020	150	2020	12,750

売上 | 店舗別商品別 | 店舗別週別 | 店舗 | 新商品

店舗別商品別

店舗コード ＼ 商品コード		1010 さっぱりドライ	1020 激うまドライ	2010 スーパー発泡	2020 ライト発泡	総計
110	池袋店	1,166,100	718,950	333,240	409,470	2,627,760
120	品川店	670,100	585,500	492,820	325,770	2,074,190
130	新宿店	1,235,300	945,500	477,250	495,720	3,153,770
140	豊洲店	686,900	450,600	383,750	250,620	1,771,870
150	六本木店	629,850	398,800	360,780	262,560	1,651,990
総計		4,388,250	3,099,350	2,047,840	1,744,140	11,279,580

売上 | 店舗別商品別 | 店舗別週別 | 店舗 | 新商品

店舗別週間売上

店舗コード	店舗名	第1週目	第2週目	第3週目	第4週目	総計
110	池袋店	593,650	543,670	845,380	645,060	2,627,760
120	品川店	647,470	467,400	475,020	484,300	2,074,190
130	新宿店	740,660	879,740	860,540	672,830	3,153,770
140	豊洲店	469,890	443,180	448,410	410,390	1,771,870
150	六本木店	552,700	373,530	372,290	353,470	1,651,990
総計		3,004,370	2,707,520	3,001,640	2,566,050	11,279,580
		>=2023/7/1	>=2023/7/8	>=2023/7/15	>=2023/7/22	
		<=2023/7/7	<=2023/7/14	<=2023/7/21	<=2023/7/28	

売上 | 店舗別商品別 | 店舗別週別 | 店舗 | 新商品

① データがタブで区切られたテキストファイル「**売上データ**」をテーブルとして取り込みましょう。取り込み先は、シート「**売上**」のセル【B3】とします。
次に、売上金額に桁区切りスタイルを設定しましょう。

② シート「**売上**」のE～F列に項目名「**店舗コード**」「**商品コード**」を追加しましょう。
※列幅を調整しておきましょう。

③ シート「**売上**」のE列に、「**売上コード**」の先頭から3文字を取り出して「**店舗コード**」を求める数式を入力しましょう。

④ シート「**売上**」のF列に、「**売上コード**」の末尾から4文字を取り出して「**商品コード**」を求める数式を入力しましょう。

⑤ シート「**売上**」のE～F列をC列とD列の間に移動しましょう。

(HINT) 移動するには、[Shift]を押しながらドラッグします。

⑥ 「**選択範囲から作成**」を使って、次のように名前を定義しましょう。

名前	セル範囲
売上日	シート「売上」のセル範囲【B4:B527】
売上コード	シート「売上」のセル範囲【C4:C527】
店舗コード	シート「売上」のセル範囲【D4:D527】
商品コード	シート「売上」のセル範囲【E4:E527】
売上金額	シート「売上」のセル範囲【F4:F527】
イベント実施店舗	シート「店舗」のセル範囲【B4:B8】
店舗名	シート「店舗」のセル範囲【C4:C8】
新商品コード	シート「新商品」のセル範囲【B4:B7】
商品名	シート「新商品」のセル範囲【C4:C7】

⑦ シート「**店舗別商品別**」のセル範囲【C5:C9】に、「**店舗コード**」をもとに名前「**イベント実施店舗**」を検索して「**店舗名**」を表示する数式を入力しましょう。

⑧ シート「**店舗別商品別**」のセル範囲【D4:G4】に、「**商品コード**」をもとに名前「**新商品コード**」を検索して「**商品名**」を表示する数式を入力しましょう。

⑨ シート「**店舗別商品別**」のセル範囲【D5:G9】に、名前「**店舗コード**」「**商品コード**」「**売上金額**」をもとに店舗コードと商品コード別の売上金額を求める数式を入力しましょう。

⑩ シート「**店舗別週別**」のセル範囲【C4:C8】に、シート「**店舗別商品別**」のセル範囲【C5:C9】の数式をコピーしましょう。

(HINT) 《ホーム》タブ→《クリップボード》グループの [貼り付け] (貼り付け)の [貼り付け] → [数式] (数式)を使います。

⑪ シート「**店舗別週別**」のセル範囲【D4:G8】に、名前「**店舗コード**」「**売上日**」「**売上金額**」をもとに、週別の売上金額を求める数式を入力しましょう。第1週目から第4週目の範囲は、11～12行目の条件を使用します。

※ブックに任意の名前を付けて保存し、閉じておきましょう。

総合問題5

標準解答 ▶ P.12

あなたはマーケティング業務を担当しており、DM送付や分析に使用するために会員情報の表記ゆれや重複データを整理することになりました。
完成図のような会員情報の表を作成しましょう。

 » フォルダー「総合問題5」のブック「会員名簿」のシート「会員名簿」を開いておきましょう。
※アクティブシートを切り替えて、各シートの内容を確認しておきましょう。

●完成図

会員番号	姓	名	郵便番号	住所	電話番号	性別	生年月日	年齢	入会年月日	在籍期間	会員種別
1012	中村	正昭	5380053	大阪府大阪市鶴見区鶴見X-X-X　ハイツ鶴見503	06(6991)XXXX	男	1982/11/5	40歳	2020/3/11	3年4か月	平日会員
1019	藤井	慶介	5720086	大阪府寝屋川市松屋町X-X-X　グランドムール寝屋川201	090(4901)XXXX	男	1991/7/16	32歳	2020/3/23	3年4か月	ホリデー会員
1024	松永	慎也	5500015	大阪府大阪市南堀江X-X-X　コーポ南堀江901	090(3703)XXXX	男	1991/12/19	31歳	2020/3/23	3年4か月	ホリデー会員
1033	安藤	幸子	6050878	京都府京都市東山区芳野町X-X-X	075(541)XXXX	女	1970/7/16	53歳	2020/4/12	3年3か月	平日会員
1036	村上	良子	5770811	大阪府東大阪市西上小阪X-X-X	06(6722)XXXX	女	1972/8/4	50歳	2020/4/21	3年3か月	平日会員
1042	遠藤	秀幸	5440032	大阪府大阪市生野区中川西X-X-X	06(6741)XXXX	男	1981/12/19	41歳	2020/6/19	3年1か月	平日会員
1045	平岡	明	5300012	大阪府大阪市北区芝田X-X-X	06(4802)XXXX	男	1958/6/4	65歳	2020/6/28	3年1か月	ホリデー会員
1050	塚本	裕之	6496222	和歌山県岩出市岡田X-X-X	0736(61)XXXX	男	1975/8/23	47歳	2020/9/4	2年10か月	ホリデー会員
1054	村田	まり子	5691029	大阪府高槻市安岡寺町X-X-X　ネバーランド高槻407	072(688)XXXX	女	1961/7/31	62歳	2020/9/20	2年10か月	平日会員
1058	吉岡	智子	5691029	大阪府高槻市安岡寺町X-X-X　ネバーランド高槻202	072(687)XXXX	女	1960/2/19	63歳	2020/9/20	2年10か月	平日会員
1061	布施	秋絵	5710043	大阪府門真市桑才新町X-X-X	06(6908)XXXX	女	1993/2/26	30歳	2020/10/21	2年9か月	アフタヌーン会員
1063	後藤	正	5470044	大阪府大阪市平野区平野本町X-X-X　アイランドTK503	06(6791)XXXX	男	1954/1/14	69歳	2020/11/9	2年8か月	アフタヌーン会員
1068	長谷川	雅子	6060813	京都府京都市左京区下賀茂貴船町X-X-X	075(771)XXXX	女	1984/5/29	39歳	2021/2/2	2年5か月	平日会員
1069	新田	真実	6048225	京都府京都市中京区蝸螂山町X-X-X	075(204)XXXX	女	1976/7/24	47歳	2021/2/8	2年4か月	平日会員
1073	本田	道子	5900952	大阪府堺市堺区市之町東X-X-X	072(221)XXXX	女	1965/8/27	57歳	2021/3/13	2年4か月	アフタヌーン会員
1076	村上	静香	5770811	大阪府東大阪市西上小阪X-X-X	06(6722)XXXX	女	1991/7/30	32歳	2021/4/11	2年3か月	ファミリー会員
1082	松岡	裕也	5450011	大阪府大阪市阿倍野区昭和町X-X-X　サンリッチあべの1002	06(6621)XXXX	男	1997/2/15	26歳	2021/5/18	2年2か月	アフタヌーン会員
1084	住友	由紀子	5250032	滋賀県草津市大路X-X-X　コーポラスさと203	077(565)XXXX	女	1966/7/6	57歳	2021/5/21	2年2か月	ホリデー会員
1088	吉川	理恵	6610031	兵庫県尼崎市武庫之荘本町X-X-X	06(6433)XXXX	女	1996/7/3	27歳	2021/6/9	2年1か月	平日会員
1091	井上	真紀	5520003	大阪府大阪市港区磯路X-X-X　パークテラス磯路610	090(1109)XXXX	女	1987/12/12	35歳	2021/6/23	2年1か月	アフタヌーン会員
1093	服部	伸子	5440001	大阪府大阪市生野区新今里X-X-X	06(6752)XXXX	女	1975/8/3	47歳	2021/6/23	2年1か月	平日会員
1097	藤原	美津子	6310076	奈良県奈良市富雄北X-X-X	0742(52)XXXX	女	1980/10/13	42歳	2021/7/3	2年0か月	アフタヌーン会員
1100	尾上	保美	5450011	大阪府大阪市阿倍野区昭和町X-X-X　ヴェルメゾンSHOWA206	06(6620)XXXX	女	1997/3/25	26歳	2021/7/16	2年0か月	ホリデー会員
1101	渡辺	光男	6028033	京都府京都市上京区上鍛冶町X-X-X	075(231)XXXX	男	1980/6/4	43歳	2021/7/22	2年0か月	ホリデー会員
1103	加藤	芳江	5420081	大阪府大阪市中央区南船場X-X-X　イオレNISHINO13F	06(6245)XXXX	女	1975/11/3	47歳	2021/10/1	1年10か月	アフタヌーン会員
1106	大塚	亜矢	5918022	大阪府堺市北区金岡町X-X-X	072(254)XXXX	女	1986/9/5	36歳	2021/10/6	1年9か月	アフタヌーン会員
1108	坂部	たまき	6078122	京都府京都市山科区大塚高岩X-X-X	075(203)XXXX	女	1973/2/26	50歳	2021/10/18	1年9か月	アフタヌーン会員
1109	河島	修治	5450011	大阪府大阪市阿倍野区昭和町X-X-X　ベルポート208	06(6621)XXXX	男	1954/1/14	69歳	2021/10/22	1年9か月	アフタヌーン会員
1112	山田	修	6038825	京都府京都市北区西賀茂丸川町X-X-X	075-493-XXXX	男	1985/12/29	37歳	2021/10/29	1年9か月	アフタヌーン会員
1114	岩崎	花子	6048316	京都府京都市中京区三坊大宮町X-X-X	075-231-XXXX	女	1985/5/1	38歳	2021/11/16	1年8か月	アフタヌーン会員
1117	木村	治男	5380053	大阪府大阪市鶴見区鶴見X-X-X　ジュネス1005	06(6991)XXXX	男	1966/3/1	57歳	2022/2/12	1年5か月	平日会員
1118	山本	正則	6100352	京都府京田辺市花住坂X-X-X	0774(62)XXXX	男	1980/9/24	42歳	2022/3/13	1年5か月	ホリデー会員
1120	上田	隆彦	5730018	大阪府枚方市桜丘町X-X-X	072(898)XXXX	男	1984/10/8	38歳	2022/3/14	1年4か月	アフタヌーン会員
1122	横林	光平	5650842	大阪府吹田市千里山東X-X-X　サンローゼNAKATA201	090(2081)XXXX	男	1995/4/6	28歳	2022/3/31	1年4か月	平日会員
1124	斉木	久美	6018213	大阪府大阪市南区久世中久世町X-X-X　レヴェント久世503	090(7562)XXXX	女	1993/5/23	30歳	2022/4/16	1年3か月	平日会員
1125	近藤	聡	5200232	滋賀県大津市真野X-X-X	077(574)XXXX	男	1981/3/13	42歳	2022/4/23	1年3か月	平日会員
1126	近藤	秋子	5200232	滋賀県大津市真野X-X-X	077(574)XXXX	女	1987/7/11	36歳	2022/4/23	1年3か月	ファミリー会員
1128	中浜	範子	5560011	大阪府大阪市浪速区難波中X-X-X　難波ガーデンコート605	090(8652)XXXX	女	1993/8/3	29歳	2022/4/26	1年3か月	アフタヌーン会員
1131	酒井	望	5203047	滋賀県栗東市手原X-X-X	077(576)XXXX	男	1977/8/8	45歳	2022/4/29	1年3か月	アフタヌーン会員
1132	有本	浩二	6310821	奈良県奈良市西大寺東町X-X-X	0742(34)XXXX	男	1985/5/5	38歳	2022/5/18	1年2か月	平日会員
1133	工藤	勝則	5200801	滋賀県大津市におの浜X-X-X	077(525)XXXX	男	1977/6/8	46歳	2022/6/2	1年1か月	アフタヌーン会員
1134	工藤	洋子	5200801	滋賀県大津市におの浜X-X-X	077(525)XXXX	女	1979/4/6	44歳	2022/6/2	1年1か月	ファミリー会員
1136	松本	伸枝	5300041	大阪府大阪市北区天神橋X-X-X	06(6135)XXXX	女	1989/12/4	33歳	2022/8/22	11か月	平日会員
1137	中村	茜	5380053	大阪府大阪市鶴見区鶴見X-X-X　ハイツ鶴見503	06(6991)XXXX	女	1985/3/13	38歳	2022/9/3	10か月	ファミリー会員
1140	望月	奈々子	5440001	大阪府大阪市生野区新今里X-X-X　アイビーハイム1201	06(6750)XXXX	女	1990/3/6	33歳	2022/9/8	10か月	アフタヌーン会員
1141	片谷	幸三	6158026	京都府京都市西京区桂市ノ前町X-X-X	075(392)XXXX	男	1979/7/23	44歳	2022/9/8	10か月	平日会員
1142	萩森	克義	6170002	京都府向日市寺戸町梅ノ木X-X-X　レジュール東向日306	090(2209)XXXX	男	1989/1/31	34歳	2022/9/11	10か月	平日会員
1145	本多	達也	5300012	大阪府大阪市北区芝田X-X-X　エターナルパレス1105	06(4802)XXXX	男	1976/7/2	47歳	2022/9/19	10か月	平日会員
1146	武藤	恒雄	5300012	大阪府大阪市北区芝田X-X-X　ルネピース605	06(4802)XXXX	男	1986/1/4	37歳	2022/10/2	9か月	ホリデー会員
1148	岩城	ゆかり	6158281	京都府京都市西京区松尾木ノ曽町X-X-X	075(391)XXXX	女	1985/6/5	38歳	2022/10/13	9か月	平日会員
1149	富田	真由美	5560011	大阪府大阪市浪速区難波中X-X-X　クリステルナンバ1005	090(8192)XXXX	女	1990/6/26	33歳	2022/10/20	9か月	アフタヌーン会員
1151	吉川	美里	6610031	兵庫県尼崎市武庫之荘本町X-X-X	06(6433)XXXX	女	1998/8/30	24歳	2022/11/22	8か月	ファミリー会員
1153	大塚	剛	5918022	大阪府堺市北区金岡町X-X-X	072(254)XXXX	男	1981/8/24	41歳	2022/12/14	7か月	ファミリー会員
1154	酒井	晴子	5203047	滋賀県栗東市手原X-X-X	077(576)XXXX	女	1975/10/3	47歳	2022/12/14	7か月	ファミリー会員
1155	安部	一郎	5420062	大阪府大阪市中央区上本町西X-X-X　ベルトゥリー201	06(6201)XXXX	男	1976/7/31	47歳	2023/1/18	6か月	ホリデー会員
1156	西田	公一	5450011	大阪府大阪市阿倍野区昭和町X-X-X　コスモ307	06(6621)XXXX	男	1990/3/31	33歳	2023/1/21	6か月	ホリデー会員
1157	伊藤	祐輔	5731106	大阪府枚方市町楠葉X-X-X	072(856)XXXX	男	1999/7/16	24歳	2023/2/6	5か月	平日会員
1158	野村	慶子	6310026	奈良県奈良市学園緑ヶ丘X-X-X	0742(51)XXXX	女	1972/10/12	50歳	2023/2/13	5か月	平日会員
1159	野村	充	6310026	奈良県奈良市学園緑ヶ丘X-X-X	0742(51)XXXX	男	1999/4/7	24歳	2023/3/21	4か月	ファミリー会員
1160	佐々木	華絵	6028491	京都府京都市上京区西社町X-X-X	075(441)XXXX	女	1997/9/17	25歳	2023/4/28	3か月	平日会員

会員名簿 | DM用 | 会員分析

DM用名簿

	A	B	C	D	E	F	G	H
1		**DM用名簿**						
2								
3		会員番号	氏名	フリガナ	郵便番号	住所1	住所2	電話番号
4		1012	中村 正昭	ナカムラ マサアキ	538-0053	大阪府大阪市鶴見区鶴見X-X-X	ハイツ鶴見503	06-6991-XXXX
5		1019	藤井 慶介	フジイ ケイスケ	572-0086	大阪府寝屋川市松屋町X-X-X	グランドムール寝屋川201	090-4901-XXXX
6		1024	松永 慎也	マツナガ シンヤ	550-0015	大阪府大阪市南堀江X-X-X	コーポ南堀江901	090-3703-XXXX
7		1033	安藤 幸子	アンドウ ユキコ	605-0878	京都府京都市東山区芳野町X-X-X		075-541-XXXX
8		1036	村上 良子	ムラカミ ヨシコ	577-0811	大阪府東大阪市西上小阪X-X-X		06-6722-XXXX
9		1042	遠藤 秀幸	エンドウ ヒデユキ	544-0032	大阪府大阪市生野区中川西X-X-X		06-6741-XXXX
10		1045	平岡 明	ヒラオカ アキラ	530-0012	大阪府大阪市北区芝田X-X-X		06-4802-XXXX
11		1050	塚本 裕之	ツカモト ヒロユキ	649-6222	和歌山県岩出市岡田X-X-X		0736-61-XXXX
12		1054	村田 まり子	ムラタ マリコ	569-1029	大阪府高槻市安岡寺町X-X-X	ネバーランド高槻407	072-688-XXXX
13		1058	吉岡 智子	ヨシオカ サトコ	569-1029	大阪府高槻市安岡寺町X-X-X	ネバーランド高槻202	072-687-XXXX
14		1061	布施 秋絵	フセ アキエ	571-0043	大阪府門真市舟才新町X-X-X		06-6908-XXXX
15		1063	後藤 正	ゴトウ タダシ	547-0044	大阪府大阪市平野区平野本町X-X-X	アイランドTK503	06-6791-XXXX
16		1068	長谷川 雅子	ハセガワ マサコ	606-0813	京都府京都市左京区下賀茂貴船町X-X-X		075-771-XXXX
17		1069	新田 真実	ニッタ マミ	604-8225	京都府京都市中京区蟷螂山町X-X-X		075-204-XXXX
18		1073	本田 道子	ホンダ ミチコ	590-0952	大阪府堺市堺区市之町東X-X-X		072-221-XXXX
19		1076	村上 静香	ムラカミ シズカ	577-0811	大阪府東大阪市西上小阪X-X-X		06-6722-XXXX
20		1082	松岡 裕也	マツオカ ヒロヤ	545-0011	大阪府大阪市阿倍野区昭和町X-X-X	サンリッチあべの1002	06-6621-XXXX
21		1084	住友 由紀子	スミトモ ユキコ	525-0032	滋賀県草津市大路X-X-X	コーポラスさと203	077-565-XXXX
22		1088	吉川 理恵	ヨシカワ リエ	661-0031	兵庫県尼崎市武庫之荘本町X-X-X		06-6433-XXXX
23		1091	井上 真紀	イノウエ マキ	552-0003	大阪府大阪市港区磯路X-X-X	パークテラス磯路610	090-1109-XXXX
24		1093	服部 伸子	ハットリ ノブコ	544-0001	大阪府大阪市生野区新今里X-X-X		06-6752-XXXX

会員名簿 | DM用 | 会員分析 | ⊕

会員分析

	A	B	C	D	E	F	G
1		**会員分析**		2023/8/1現在			
2							
3		会員数		60名			
4							
5		性別	男	28名			
6			女	32名			
7							
8		会員種別	平日会員	22名			
9			ホリデー会員	12名			
10			アフタヌーン会員	18名			
11			ファミリー会員	8名			
12							
13		年代別	10歳代	0名			
14			20歳代	9名			
15			30歳代	21名			
16			40歳代	18名			
17			50歳代	7名			
18			60歳以上	5名			

会員名簿 | DM用 | 会員分析 | ⊕

※本日の日付を「2023年8月1日」としています。

① シート**「会員名簿」**のJ列に、**「年齢」**を求める数式を入力しましょう。

HINT 「年齢」は、「生年月日」から本日までの満年齢を求めます。

② シート**「会員名簿」**のL列に、**「在籍期間」**を**「〇年〇か月」**の形式で表示する数式を入力しましょう。在籍期間が1年未満の場合は、年数は表示せずに**「〇か月」**とだけ表示します。

HINT 「在籍期間」は、「入会年月日」から本日までの期間を求めます。

③ シート「**会員名簿**」の「**会員番号**」が重複しているセルに、任意の書式を設定して重複データを確認しましょう。
次に、重複データを削除しましょう。

④ シート【**会員名簿**】のすべての会員番号を、シート【**DM用**】のB列にコピーしましょう。

⑤ シート「**DM用**」のC列に、シート「**会員名簿**」の「**姓**」と「**名**」の文字列を結合する数式を入力しましょう。「**姓**」と「**名**」の間には半角空白を表示します。

⑥ シート「**DM用**」のD列に、シート「**会員名簿**」の「**姓**」と「**名**」の文字列のふりがなを結合する数式を入力しましょう。ふりがなは半角カタカナに変換し、「**姓**」と「**名**」の間には半角空白を表示します。

(HINT) ふりがなを表示するには、PHONETIC関数を使います。

⑦ シート「**DM用**」のE列に、シート「**会員名簿**」の「**郵便番号**」の3文字目と4文字目の間に「**-（ハイフン）**」を挿入した郵便番号を表示する数式を入力しましょう。

⑧ シート「**DM用**」のF列に、シート「**会員名簿**」の「**住所**」の都道府県から番地までを取り出す数式を入力しましょう。
また、マンション名が入力されていない場合は「**住所**」のデータをそのまま表示し、エラーが表示されないようにします。

(HINT) 「住所」を番地までとマンション名に分割するには、間にある全角空白を利用します。空白が文字列の何番目にあるかを求めるには、FIND関数を使います。

⑨ シート「**DM用**」のG列に、シート「**会員名簿**」の「**住所**」のマンション名を表示する数式を入力しましょう。
また、マンション名が入力されていない場合は、エラーが表示されないようにします。

⑩ シート「**DM用**」のH列に、シート「**会員名簿**」の「**電話番号**」を半角文字列に変換し、「**（**」と「**）**」を「**-（ハイフン）**」に置き換える数式を入力しましょう。

⑪ シート「**会員分析**」のセル【**D3**】に、会員数を求める数式を入力しましょう。引数には事前に定義されている名前「**会員番号**」を使います。

⑫ シート「**会員分析**」のセル範囲【**D5:D6**】に、男女別の会員数を求める数式を入力しましょう。引数には事前に定義されている名前「**性別**」を使います。

⑬ シート「**会員分析**」のセル範囲【**D8:D11**】に、各会員種別の会員数を求める数式を入力しましょう。引数には事前に定義されている名前「**会員種別**」を使います。

⑭ シート「**会員分析**」のセル範囲【**D13:D18**】に、年代別の会員数を求める数式を入力しましょう。引数には事前に定義されている名前「**年齢**」を使います。

(HINT) 10歳代は、「">=10"」と「"<20"」の2つの条件で指定します。

⑮ シート「**会員分析**」のセル【**D1**】の日付の右に「**現在**」と表示されるように表示形式を設定しましょう。

※ブックに任意の名前を付けて保存し、閉じておきましょう。

付 録

関数一覧

関数一覧

代表的な関数を分類ごとにアルファベット順で記載しています。
関数の分類の詳細は、P.14「STEP UP 関数の分類」を参照してください。
※ [ ]は省略可能な引数を表します。

●日付/時刻関数

関数名	書式	説明
DATE	=DATE(年,月,日)	指定した日付を表すシリアル値を返す。
DATEDIF	=DATEDIF(開始日,終了日,単位)	指定した日付から指定した日付までの期間を指定した単位で返す。
DATEVALUE	=DATEVALUE(日付文字列)	日付を表す文字列のシリアル値を返す。 例=DATEVALUE("2023/8/1") 　2023年8月1日のシリアル値を返す。(結果は「45139」になる)
DAY	=DAY(シリアル値)	シリアル値に対応する日(1〜31)を返す。
DAYS	=DAYS(終了日,開始日)	2つの日付の間の日数を返す。
HOUR	=HOUR(シリアル値)	シリアル値に対応する時刻(0〜23)を返す。
MINUTE	=MINUTE(シリアル値)	シリアル値に対応する時刻の分(0〜59)を返す。
MONTH	=MONTH(シリアル値)	シリアル値に対応する月(1〜12)を返す。
NETWORKDAYS	=NETWORKDAYS(開始日,終了日,[祭日])	開始日と終了日を指定し、その期間内の稼動日数(土日や祭日を除いた日数)を返す。
NOW	=NOW()	現在の日付と時刻を表すシリアル値を返す。
SECOND	=SECOND(シリアル値)	シリアル値に対応する時刻の秒(0〜59)を返す。
TIME	=TIME(時,分,秒)	指定した時刻を表すシリアル値を返す。
TIMEVALUE	=TIMEVALUE(時刻文字列)	時刻を表す文字列のシリアル値を返す。 例=TIMEVALUE("8:30") 　8時30分のシリアル値を返す。 　(結果は「0.354166667」になる)
TODAY	=TODAY()	現在の日付を表すシリアル値を返す。
WEEKDAY	=WEEKDAY(シリアル値,[種類])	シリアル値に対応する曜日を返す。 種類には返す値の種類を指定する。 種類の例 　1または省略:1(日曜)〜7(土曜) 　2　　　　　:1(月曜)〜7(日曜) 　3　　　　　:0(月曜)〜6(日曜) 例=WEEKDAY(A3) 　セル【A3】の日付の曜日を1(日曜)〜7(土曜)の値で返す。 　=WEEKDAY(TODAY(),2) 　今日の日付を1(月曜)〜7(日曜)の値で返す。
WEEKNUM	=WEEKNUM(シリアル値,[週の基準])	シリアル値がその年の第何週目にあたるかを返す。 週の基準の指定方法 　1または省略:週の始まりを日曜日にする。 　2　　　　　:週の始まりを月曜日にする。
YEAR	=YEAR(シリアル値)	シリアル値に対応する年(1900〜9999)を返す。

POINT シリアル値

「シリアル値」とは、Excelで日付や時刻の計算に使用される値のことです。1900年1月1日をシリアル値の「1」として1日ごとに「1」が加算されます。
例えば、「2023年8月1日」は「1900年1月1日」から45139日目なので、シリアル値は「45139」になります。表示形式を「標準」にすると、シリアル値を確認できます。

●数学/三角関数

関数名	書式	説明
AGGREGATE	=AGGREGATE（集計方法,オプション,参照1,…）	指定した範囲の集計値を返す。集計方法は1～19の番号で指定し、番号により使用される関数が異なる。また、オプションとして非表示の行やエラー値など無視する値を0～7の番号で指定する。 集計方法の例 　1：AVERAGE 　4：MAX 　9：SUM オプションの例 　5：非表示の行を無視する。 　6：エラー値を無視する。 　7：非表示の行とエラー値を無視する。 例=AGGREGATE（9,6,C5：C25） 　SUM関数を使用して、セル範囲【C5：C25】の集計を行う。セル範囲【C5：C25】にあるエラー値は無視される。
CEILING.MATH	=CEILING.MATH（数値,[基準値],[モード]）	数値を指定された基準値の倍数になるように切り上げる。 指定した数値が負の数値の場合、モードを省略または「0」を指定すると0に近い数値に切り上げ、0以外の数値を指定すると0から離れた数値に切り上げる。 例=CEILING.MATH（43,5） 　「43」を「5」の倍数で切り上げた数値を返す。（結果は「45」になる）
FLOOR.MATH	=FLOOR.MATH（数値,[基準値],[モード]）	数値を指定された基準値の倍数になるように切り捨てる。 指定した数値が負の数値の場合、モードを省略または「0」を指定すると0から離れた数値に切り捨て、0以外の数値を指定すると0に近い数値に切り捨てる。 例=FLOOR.MATH（43,5） 　「43」を「5」の倍数で切り捨てた数値を返す。（結果は「40」になる）
INT	=INT（数値）	数値の小数点以下を切り捨てて整数にする。
MOD	=MOD（数値,除数）	数値（割り算の分子となる数）を除数（割り算の分母となる数）で割った余りを返す。 例=MOD（5,2） 　「5」を「2」で割った余りを返す。（結果は「1」になる）
PRODUCT	=PRODUCT（数値1,[数値2],…）	引数の積を返す。 例=PRODUCT（3,5,7） 　「3」と「5」と「7」を掛けた数値を返す。（結果は「105」になる）
QUOTIENT	=QUOTIENT（分子,分母）	分子を分母で割った商の整数部分を返す。 例=QUOTIENT（5,2） 　「5」を「2」で割った商の整数を返す。（結果は「2」になる）
RAND	=RAND（）	0から1の間の乱数（それぞれが同じ確率で現れるランダムな数）を返す。
ROMAN	=ROMAN（数値,[書式]）	数値をローマ数字を表す文字列に変換する。書式に0を指定または省略すると正式な形式、1～4を指定すると簡略化した形式になる。 例=ROMAN（6） 　「6」をローマ数字「Ⅵ」に変換する。
ROUND	=ROUND（数値,桁数）	指定した桁数で数値を四捨五入する。
ROUNDDOWN	=ROUNDDOWN（数値,桁数）	指定した桁数で数値の端数を切り捨てる。
ROUNDUP	=ROUNDUP（数値,桁数）	指定した桁数で数値の端数を切り上げる。
SUBTOTAL	=SUBTOTAL（集計方法,参照1,…）	指定した範囲の集計値を返す。集計方法は1～11または101～111の番号で指定し、番号により使用される関数が異なる。 集計方法の例 　1：AVERAGE 　4：MAX 　9：SUM 例=SUBTOTAL（9,A5：A20） 　SUM関数を使用して、セル範囲【A5：A20】の集計を行う。セル範囲【A5：A20】にほかの集計（SUBTOTAL関数）が含まれる場合は、重複を防ぐために、無視される。

関数名	書式	説明
SUM	=SUM(数値1,[数値2],･･･)	引数の合計値を返す。
SUMIF	=SUMIF(範囲,検索条件,[合計範囲])	範囲内で検索条件に一致するセルの値を合計する。合計範囲を指定すると、範囲の検索条件を満たすセルに対応する合計範囲のセルが計算対象になる。 例=SUMIF(A3:A10,"りんご",B3:B10) 　セル範囲【A3:A10】で「りんご」のセルを検索し、セル範囲【B3:B10】で対応するセルの値を合計する。 　条件に一致するセルがセル【A3】とセル【A5】であれば、セル【B3】とセル【B5】を合計する。
SUMIFS	=SUMIFS(合計対象範囲,条件範囲1,条件1,[条件範囲2,条件2],･･･)	範囲内で複数の条件に一致するセルの値を合計する。 例=SUMIFS(C3:C10,A3:A10,"りんご",B3:B10,"青森") 　セル範囲【A3:A10】から「りんご」、セル範囲【B3:B10】から「青森」のセルを検索し、両方に対応するセル範囲【C3:C10】の値を合計する。

● 統計関数

関数名	書式	説明
AVERAGE	=AVERAGE(数値1,[数値2],･･･)	引数の平均値を返す。
AVERAGEIF	=AVERAGEIF(範囲,条件,[平均対象範囲])	範囲内で条件に一致するセルの値を平均する。平均対象範囲を指定すると、範囲の条件を満たすセルに対応する平均対象範囲のセルが計算対象になる。 例=AVERAGEIF(A3:A10,"りんご",B3:B10) 　セル範囲【A3:A10】で「りんご」を検索し、セル範囲【B3:B10】で対応するセルの値を平均する。 　条件に一致するセルがセル【A3】とセル【A5】であれば、セル【B3】とセル【B5】を平均する。
AVERAGEIFS	=AVERAGEIFS(平均対象範囲,条件範囲1,条件1,[条件範囲2,条件2],･･･)	範囲内で複数の条件に一致するセルの値を平均する。 例=AVERAGEIFS(C3:C10,A3:A10,"りんご",B3:B10,"青森") 　セル範囲【A3:A10】から「りんご」、セル範囲【B3:B10】から「青森」のセルを検索し、両方に対応するセル範囲【C3:C10】の値を平均する。
COUNT	=COUNT(値1,[値2],･･･)	引数に含まれる数値の個数を返す。
COUNTA	=COUNTA(値1,[値2],･･･)	引数に含まれる空白でないセルの個数を返す。
COUNTBLANK	=COUNTBLANK(範囲)	範囲内に含まれる空白セルの個数を返す。
COUNTIF	=COUNTIF(範囲,検索条件)	範囲内で検索条件に一致するセルの個数を返す。 例=COUNTIF(A5:A20,"東京") 　セル範囲【A5:A20】で「東京」と入力されているセルの個数を返す。 =COUNTIF(A5:A20,"<20") 　セル範囲【A5:A20】で20より小さい値が入力されているセルの個数を返す。
COUNTIFS	=COUNTIFS(検索条件範囲1,検索条件1,[検索条件範囲2,検索条件2],･･･)	範囲内で複数の検索条件に一致するセルの個数を返す。 例=COUNTIFS(A3:A10,"東京",B3:B10,"日帰り") 　セル範囲【A3:A10】から「東京」、セル範囲【B3:B10】から「日帰り」を検索し、「東京」かつ「日帰り」のセルの個数を返す。
FREQUENCY	=FREQUENCY(データ配列,区間配列)	指定した間隔の中でデータの頻度分布を返す。
LARGE	=LARGE(配列,順位)	範囲内で、指定した順位にあたる値を返す。順位は大きい順(降順)で数えられる。 例=LARGE(A1:A10,2) 　セル範囲【A1:A10】で2番目に大きい値を返す。
MAX	=MAX(数値1,[数値2],･･･)	引数の最大値を返す。
MAXIFS	=MAXIFS(最大範囲,条件範囲1,条件1,[条件範囲2,条件2],･･･)	複数の条件に一致するセルの最大値を返す。
MEDIAN	=MEDIAN(数値1,[数値2],･･･)	引数の中央値を返す。

関数名	書式	説明
MIN	=MIN（数値1,［数値2］,・・・）	引数の最小値を返す。
MINIFS	=MINIFS（最小範囲,条件範囲1,条件1,［条件範囲2,条件2］,・・・）	複数の条件に一致するセルの最小値を返す。
SMALL	=SMALL（配列,順位）	範囲内で、指定した順位にあたる値を返す。順位は小さい順（昇順）で数えられる。 例=SMALL（A1：A10,3） 　セル範囲【A1：A10】で3番目に小さい値を返す。
STDEV.S	=STDEV.S（数値1,［数値2］,・・・）	引数を標本とみなして母集団の標準偏差を返す。
STDEV.P	=STDEV.P（数値1,［数値2］,・・・）	引数を母集団全体とみなして母集団の標準偏差を返す。
RANK.EQ	=RANK.EQ（数値,参照,［順序］）	範囲内で指定した数値の順位を返す。順序には、降順であれば0または省略、昇順であれば0以外の数値を指定する。同じ順位の数値が複数ある場合、最上位の順位を返す。 例=RANK.EQ（A2,A1：A10） 　セル範囲【A1：A10】の中でセル【A2】の値が何番目に大きいかを返す。 　範囲内にセル【A2】と同じ数値がある場合、最上位の順位を返す。
RANK.AVG	=RANK.AVG（数値,参照,［順序］）	範囲内で指定した数値の順位を返す。順序には、降順であれば0または省略、昇順であれば0以外の数値を指定する。同じ順位の数値が複数ある場合、順位の平均値を返す。 例=RANK.AVG（A2,A1：A10） 　セル範囲【A1：A10】の中でセル【A2】の値が何番目に大きいかを返す。 　範囲内にセル【A2】と同じ数値がある場合、順位の平均値を返す。 　（セル【A2】とセル【A7】が同じ数値で、並べ替えたときに順位が「2」「3」となる場合、順位の「2」と「3」を平均して、「2.5」を返す。）

● 財務関数

関数名	書式	説明
FV	=FV（利率,期間,定期支払額,［現在価値］,［支払期日］）	貯金した場合の満期後の受取金額を返す。利率と期間は、時間的な単位を一致させる。 例=FV（5%/12,24,-5000） 　毎月5,000円を年利5%で2年間（24回）定期的に積立貯金した場合の受取金額を返す。
PMT	=PMT（利率,期間,現在価値,［将来価値］,［支払期日］）	借り入れをした場合の定期的な返済金額を返す。利率と期間は、時間的な単位を一致させる。 例=PMT（9%/12,12,100000） 　100,000円を年利9%の1年（12回）ローンで借り入れた場合の毎月の返済金額を返す。

● 検索/行列関数

関数名	書式	説明
ADDRESS	=ADDRESS（行番号,列番号,［参照の種類］,［参照形式］,［シート名］）	行番号と列番号で指定したセル参照を文字列で返す。参照の種類を省略すると絶対参照の形式になる。参照形式でTRUEを指定または省略するとA1形式で、FALSEを指定するとR1C1形式でセル参照を返す。シート名を指定するとシート参照も返す。 参照の種類 　1または省略　：絶対参照 　2　　　　　　：行は絶対参照、列は相対参照 　3　　　　　　：行は相対参照、列は絶対参照 　4　　　　　　：相対参照 例=ADDRESS（1,5） 　絶対参照で1行5列目のセル参照を返す。（結果は「$E$1」になる）
CHOOSE	=CHOOSE（インデックス,値1,［値2］,・・・）	値のリストからインデックスに指定した番号に該当する値を返す。 例=CHOOSE（3,"日","月","火","水","木","金","土"） 　「日」～「土」のリストの3番目を返す。（結果は「火」になる）

関数名	書式	説明
COLUMN	=COLUMN([参照])	参照に指定した範囲の列番号を返す。 参照を省略すると、関数が入力されているセルの列番号を返す。
COLUMNS	=COLUMNS(配列)	指定したセル範囲または配列に含まれる列数を返す。 例=COLUMNS(A1:C2) 　セル範囲【A1:C2】に含まれる列数を返す。(結果は「3」になる)
FILTER	=FILTER(配列,含む,[空の場合])	配列から指定した値を検索し、一致したすべてのレコードを返す。 ※レコードとは、1件分のデータのことです。 例=FILTER(A3:D20,C3:C20="りんご","") 　セル範囲【C3:C20】で「りんご」を検索し、同じ行にあるレコードの値を返す。「りんご」がない場合、何も表示しない。(セル【C5】とセル【C7】が「りんご」であれば、セル範囲【A5:D5】と【A7:D7】の値を返す)
HLOOKUP	=HLOOKUP(検索値,範囲,行番号,[検索方法])	範囲の先頭行を検索値で検索し、一致した列の範囲上端から指定した行番号目のデータを返す。検索方法でTRUEを指定または省略すると検索値が見つからない場合に、検索値未満で最も大きい値を一致する値とし、FALSEを指定すると完全に一致する値だけを検索する。検索方法がTRUEまたは省略の場合は、範囲の先頭行は昇順に並んでいる必要がある。 例=HLOOKUP("田中",A3:G10,3,FALSE) 　セル範囲【A3:G10】の先頭行から「田中」を検索し、一致した列の3番目の行の値を返す。
HYPERLINK	=HYPERLINK(リンク先,[別名])	リンク先にジャンプするショートカットを作成する。別名を省略するとリンク先がセルに表示される。 例=HYPERLINK("https://www.fom.fujitsu.com/goods/","FOM出版テキストのご案内") 　セルには「FOM出版テキストのご案内」と表示され、クリックすると指定したURLのWebページが表示される。
INDEX	=INDEX(参照,行番号,[列番号],[領域番号])	指定した範囲の行と列の交点にあるデータを返す。 例=INDEX(A1:C3,2,2) 　セル範囲【A1:C3】の中で2行目と2列目が交差するセル【B2】の値を返す。
INDIRECT	=INDIRECT(参照文字列,[参照形式])	参照文字列に入力されている参照セルの参照値を返す。参照形式でTRUEを指定または省略するとA1形式で、FALSEを指定するとR1C1形式でセル参照を返す。 例=INDIRECT(B5) 　セル【B5】に「C10」、セル【C10】に「ABC」と入力されている場合、セル【C10】の値「ABC」を返す。
LOOKUP	=LOOKUP(検査値,検査範囲,[対応範囲])	検査範囲(1行または1列で構成されるセル範囲)から検査値を検索し、一致したセルの次の行または列の同じ位置にあるセルの値を返す。対応範囲を指定した場合、対応範囲の同じ位置にあるセルの値を返す。 例=LOOKUP("田中",A5:A20,B5:B20) 　セル範囲【A5:A20】で「田中」を検索し、同じ行にある列【B】の値を返す。(セル【A7】が「田中」だった場合、セル【B7】の値を返す)
MATCH	=MATCH(検査値,検査範囲,[照合の種類])	検査範囲を検査値で検索し、一致するセルの相対位置を返す。照合の種類で1を指定または省略すると、検査値以下の最大の値を検索し、0を指定すると、検査値と一致する値だけを検索し、–1を指定すると検査値以上の最小の値を検索する。1の場合は昇順に、–1の場合は降順に並べ替えておく必要がある。 例=MATCH("りんご",C3:C10,0) 　セル範囲【C3:C10】で「りんご」を検索し、一致したセルが何番目かを返す。(一致するセルがセル【C5】であれば、結果は「3」になる)
OFFSET	=OFFSET(参照,行数,列数,[高さ],[幅])	参照で指定したセルから指定した行数と列数分を移動した位置にあるセルを参照する。高さと幅を指定すると、指定した高さ(行数)、幅(列数)のセル範囲を参照する。 例=OFFSET(A1,3,5) 　セル【A1】から3行5列移動したセル【F4】を参照する。
ROW	=ROW([参照])	参照に指定した範囲の行番号を返す。 参照を省略すると、関数が入力されているセルの行番号を返す。

関数名	書式	説明
ROWS	=ROWS(配列)	指定したセル範囲または配列に含まれる行数を返す。 例=ROWS(A1:C2) 　セル範囲【A1:C2】に含まれる行数を返す。(結果は「2」になる)
SORT	=SORT(配列, [並べ替えインデックス], [並べ替え順序],[並べ替え基準])	配列を1つのキーを基準に並べ替える。並べ替えインデックスでキーとなる行または列を数値で指定する。省略すると配列の1行目または1列目となる。並べ替え順序で1を指定または省略すると昇順、-1を指定すると降順となる。並べ替え基準でFALSEを指定または省略すると行方向、TRUEを指定すると列方向に並べ替える。 例=SORT(C3:C10,,-1) 　セル範囲【C3:C10】を降順で並べ替えた結果の配列を返す。
SORTBY	=SORTBY(配列,基準配列1, [並べ替え順序1],[基準配列2, 並べ替え順序2],···)	配列を対応する1つ以上のキーを基準に並べ替える。基準配列でキーとなる行または列を指定する。並べ替え順序で1を指定または省略すると昇順、-1を指定すると降順となる。 例=SORTBY(A3:D20,B3:B20,1,C3:C20,-1) 　セル範囲【A3:D20】をB列の昇順、さらにC列の降順で並べ替えた結果の配列を返す。
UNIQUE	=UNIQUE(配列,[列の比較], [回数指定])	配列内の一意の値の一覧を返す。 例=UNIQUE(C3:C10) 　セル範囲【C3:C10】の一意の値の配列を返す。
VLOOKUP	=VLOOKUP(検索値,範囲,列番号, [検索方法])	範囲の先頭列を検索値で検索し、一致した行の範囲の左端から指定した列番号目のデータを返す。検索方法でTRUEを指定または省略すると検索値が見つからない場合に、検索値未満で最も大きい値を一致する値とし、FALSEを指定すると完全に一致する値だけを検索する。検索方法がTRUEまたは省略の場合は、範囲の先頭列は昇順に並んでいる必要がある。 例=VLOOKUP("田中",A3:G10,5,FALSE) 　セル範囲【A3:G10】の先頭列から「田中」を検索し、一致した行の5番目の列の値を返す。
XLOOKUP	=XLOOKUP(検索値,検索範囲, 戻り範囲,[見つからない場合], [一致モード],[検索モード])	検索範囲から検索値を検索し、一致したセルと同じ位置にある戻り範囲のセルの値を返す。検索値が見つからない場合は、見つからない場合の値を返す。 例=XLOOKUP("田中",A5:A20,B5:B20,"一致なし") 　セル範囲【A5:A20】で「田中」を検索し、一致したセルがあったら、セル範囲【B5:B20】のうち、同じ位置にあるセルの値を返す。「田中」が見つからない場合、「一致なし」を返す。(セル【A7】が「田中」だった場合、セル【B7】の値を返す)
XMATCH	=XMATCH(検索値,検索範囲, [一致モード],[検索モード])	検索範囲を検索値で検索し、一致するセルの相対位置を返す。 例=XMATCH("りんご",C3:C10) 　セル範囲【C3:C10】で「りんご」を検索し、一致したセルが何番目かを返す。(一致するセルがセル【C5】であれば結果は「3」になる)

POINT 参照形式

セル参照をA1のようにA列の1行目と指定する方式を「A1形式」といい、行・列の両方に番号を指定する形式を「R1C1形式」といいます。R1C1形式では、Rに続けて行番号を、Cに続けて列番号を指定します。

●文字列操作関数

関数名	書式	説明
ASC	=ASC(文字列)	文字列の全角英数カナ文字を半角の文字に変換する。
CHAR	=CHAR(数値)	文字コード番号に対応する文字を表示する。 例=CHAR(65) 　文字コード(65)に対応する「A」を返す。 =CHAR(10) 　文字コード(10)に対応する改行を返す。

関数名	書式	説明
CONCAT	=CONCAT（テキスト1,・・・）	複数の文字列を結合して返す。 例=CONCAT（"〒",A3,"　",B3,C3） 　　セル【A3】：「212-0014」 　　セル【B3】：「神奈川県川崎市」 　　セル【C3】：「幸区大宮町X-XX」 　　の場合、「〒212-0014　神奈川県川崎市幸区大宮町X-XX」を返す。
CONCATENATE	=CONCATENATE（文字列1, ［文字列2］,・・・）	複数の文字列を結合して返す。 例=CONCATENATE（"〒",A3,"　",B3,C3） 　　セル【A3】：「212-0014」 　　セル【B3】：「神奈川県川崎市」 　　セル【C3】：「幸区大宮町X-XX」 　　の場合、「〒212-0014　神奈川県川崎市幸区大宮町X-XX」を返す。
DOLLAR	=DOLLAR（数値,［桁数］）	数値を指定した桁数で四捨五入し、通貨書式$を設定した文字列にする。桁数を省略すると、2を指定したものとして計算される。
EXACT	=EXACT（文字列1,文字列2）	2つの文字列を比較し、同じならTRUEを、異なればFALSEを返す。英字の大文字小文字は区別され、書式の違いは無視される。
FIND	=FIND（検索文字列,対象, ［開始位置］）	対象から検索文字列を検索し、検索文字列が最初に現れる位置が先頭から何番目かを返す。英字の大文字小文字は区別される。検索文字列にワイルドカード文字は使えない。開始位置で、対象の何文字目以降から検索するかを指定でき、省略すると1文字目から検索される。
JIS	=JIS（文字列）	文字列の半角英数カナ文字を全角の文字に変換する。
LEFT	=LEFT（文字列,［文字数］）	文字列の先頭から指定した数の文字を返す。文字数を省略すると1文字を返す。
LEN	=LEN（文字列）	文字列の文字数を返す。全角半角に関係なく1文字を1と数える。
LOWER	=LOWER（文字列）	文字列の中のすべての英字を小文字に変換する。
MID	=MID（文字列,開始位置,文字数）	文字列の指定した開始位置から指定した数の文字を返す。開始位置には取り出す文字の位置を指定する。
PROPER	=PROPER（文字列）	文字列の英単語の先頭を大文字に、2文字目以降を小文字に変換する。
REPLACE	=REPLACE（文字列,開始位置, 文字数,置換文字列）	文字列の指定した開始位置から指定した数の文字を置換文字列に置き換える。
REPT	=REPT（文字列,繰り返し回数）	文字列を指定した回数繰り返して表示する。
RIGHT	=RIGHT（文字列,［文字数］）	文字列の末尾から指定した数の文字を返す。文字数を省略すると1文字を返す。
SEARCH	=SEARCH（検索文字列,対象, ［開始位置］）	対象から検索文字列を検索し、検索文字列が最初に現れる位置が先頭から何番目かを返す。英字の大文字小文字は区別されない。検索文字列にワイルドカード文字を使える。開始位置で、対象の何文字目以降から検索するかを指定でき、省略すると1文字目から検索される。
SUBSTITUTE	=SUBSTITUTE（文字列, 検索文字列,置換文字列, ［置換対象］）	文字列中の検索文字列を置換文字列に置き換える。置換対象で、文字列に含まれる検索文字列の何番目を置き換えるかを指定する。省略するとすべてを置き換える。
TEXT	=TEXT（値,表示形式）	数値に表示形式の書式を設定し、文字列として返す。 例=TEXT（B2,"￥#,##0"） 　　セル【B2】の値を3桁区切りカンマと￥記号を含む文字列にする。
TEXTJOIN	=TEXTJOIN（区切り文字, 空のセルは無視,テキスト1,・・・）	複数の文字列の間に、区切り文字を挿入しながら、結合して返す。
TRIM	=TRIM（文字列）	文字列に空白が連続して含まれている場合、単語間の空白は1つずつ残して不要な空白を削除する。
UPPER	=UPPER（文字列）	文字列の中のすべての英字を大文字に変換する。
VALUE	=VALUE（文字列）	数値や日付、時刻を表す文字列を数値に変換する。
YEN	=YEN（数値,［桁数］）	数値を指定した桁数で四捨五入し、通貨書式￥を設定した文字列として返す。桁数を省略すると、0を指定したものとして計算される。

●データベース関数

関数名	書式	説明
DAVERAGE	=DAVERAGE（データベース,フィールド,条件）	データベースを条件で検索し、条件に一致したレコードの指定したフィールドのセルの平均値を返す。フィールドには、列見出しまたは何番目の列かを指定する。
DCOUNT	=DCOUNT（データベース,フィールド,条件）	データベースを条件で検索し、条件に一致したレコードの指定したフィールドのセルのうち、数値が入力されているセルの個数を返す。フィールドには、列見出しまたは何番目の列かを指定する。
DCOUNTA	=DCOUNTA（データベース,フィールド,条件）	データベースを条件で検索し、条件に一致したレコードの指定したフィールドのセルのうち、空白でないセルの個数を返す。フィールドには、列見出しまたは何番目の列かを指定する。
DMAX	=DMAX（データベース,フィールド,条件）	データベースを条件で検索し、条件に一致したレコードの指定したフィールドのセルの最大値を返す。フィールドには、列見出しまたは何番目の列かを指定する。
DMIN	=DMIN（データベース,フィールド,条件）	データベースを条件で検索し、条件に一致したレコードの指定したフィールドのセルの最小値を返す。フィールドには、列見出しまたは何番目の列かを指定する。
DSUM	=DSUM（データベース,フィールド,条件）	データベースを条件で検索し、条件に一致したレコードの指定したフィールドのセルの合計値を返す。フィールドには、列見出しまたは何番目の列かを指定する。
DSTDEV	=DSTDEV（データベース,フィールド,条件）	データベースを検索条件で検索し、検索条件に一致したレコードの指定したフィールドのセルを標本とみなして母集団の標準偏差を返す。フィールドには、列見出しまたは何番目の列かを指定する。
DSTDEVP	=DSTDEVP（データベース,フィールド,条件）	データベースを検索条件で検索し、検索条件に一致したレコードの指定したフィールドのセルを母集団全体とみなして母集団の標準偏差を返す。フィールドには、列見出しまたは何番目の列かを指定する。

> **POINT　データベース関数のデータベースと条件**
>
> データベース関数のデータベースには、列見出し（フィールド名）を含む列（フィールド）と行（レコード）から構成されるリストを指定します。条件には、データベースと同じ列見出しと条件を入力したセル範囲を指定します。
>

●論理関数

関数名	書式	説明
AND	=AND（論理式1,[論理式2],…）	すべての論理式がTRUEの場合、TRUEを返す。
FALSE	=FALSE（）	FALSEを返す。
IF	=IF（論理式,[値が真の場合],[値が偽の場合]）	論理式の値に応じて、真の場合または偽の場合の値を返す。 例=IF（A3=30,"人間ドック","健康診断"） 　セル【A3】が「30」と等しければ「人間ドック」、等しくなければ「健康診断」を返す。

関数名	書式	説明
IFS	=IFS(論理式1,値が真の場合1,[論理式2,値が真の場合2],…)	複数の条件を順番に判断し、条件に応じて異なる結果を返す。「論理式1」が真(TRUE)の場合は「値が真の場合1」の値を返し、偽(FALSE)の場合は「論理式2」を判断する。「論理式2」が真(TRUE)の場合は「値が真の場合2」の値を返し、偽(FALSE)の場合は「論理式3」を判断する。最後の論理式にTRUEを指定すると、すべての論理式に当てはまらなかった場合の値を返す。 例=IFS(E5>=90,"A",E5>=70,"B",E5>=50,"C",E5>=40,"D",TRUE,"E") 　セル【E5】が「90以上」であれば「A」、セル【E5】が「70以上90未満」であれば「B」、セル【E5】が「50以上70未満」であれば「C」、セル【E5】が「40以上50未満」であれば「D」、「40未満」であれば「E」を返す。
IFERROR	=IFERROR(値,エラーの場合の値)	値で指定した数式の結果がエラーの場合は、エラーの場合の値を返す。 例=IFERROR(10/0,"エラーです") 　10÷0の結果はエラーになるため、「エラーです」を返す。
IFNA	=IFNA(値, NAの場合の値)	値で指定した数式がエラー(#N/A)の場合はエラーの場合の値を返し、エラー(#N/A)でない場合は値で指定した数式の結果を返す。
NOT	=NOT(論理式)	論理式がTRUEの場合はFALSEを、FALSEの場合はTRUEを返す。
OR	=OR(論理式1,[論理式2],…)	論理式に1つでもTRUEがあれば、TRUEを返す。
SWITCH	=SWITCH(式,値1,結果1,[既定または値2,結果2],…)	式で指定した値を検索し、複数の値(値1、値2、…)から一致した値に対応する結果(結果1、結果2、…)を返す。 例=SWITCH(H5,"A","合格","B","再面接","不合格") 　セル【H5】が「A」であれば「合格」、「B」であれば「再面接」、それ以外は「不合格」を返す。
TRUE	=TRUE()	TRUEを返す。

●情報関数

関数名	書式	説明
ERROR.TYPE	=ERROR.TYPE(エラー値)	エラー値に対応するエラー値の種類を数値で返す。エラーがない場合は、#N/Aを返す。 エラー値の例 　#NULL!　：1 　#NAME?：5 　#N/A　　：7
ISBLANK	=ISBLANK(テストの対象)	テストの対象(セル)が空白セルの場合、TRUEを返す。
ISERR	=ISERR(テストの対象)	テストの対象(セル)が#N/A以外のエラー値の場合、TRUEを返す。
ISERROR	=ISERROR(テストの対象)	テストの対象(セル)がエラー値の場合、TRUEを返す。
ISNA	=ISNA(テストの対象)	テストの対象(セル)が#N/Aのエラー値の場合、TRUEを返す。
ISNONTEXT	=ISNONTEXT(テストの対象)	テストの対象(セル)が文字列以外の場合、TRUEを返す。
ISNUMBER	=ISNUMBER(テストの対象)	テストの対象(セル)が数値の場合、TRUEを返す。
ISTEXT	=ISTEXT(テストの対象)	テストの対象(セル)が文字列の場合、TRUEを返す。
PHONETIC	=PHONETIC(参照)	参照で指定したセル範囲のふりがなの文字列を取り出して返す。
TYPE	=TYPE(値)	値のデータ型を返す。 データ型の例 　数値　：1 　文字列：2 　論理値：4

索引

Index

索引

1

2

3

4

5

6

7

参考学習

総合問題

付録

索引

お わ り に

最後まで学習を進めていただき、ありがとうございました。Excel関数の学習はいかがでしたか？
本書では、請求書・顧客住所録・賃金計算書・出張旅費伝票の作成、売上データや社員情報の集計といった事例で、関数の使い方や、その組み合わせ方を学習いただきました。
また、Excel 2021やMicrosoft 365のExcelで新しく登場した関数もご紹介しています。これらの関数をうまく使いこなすことができれば、普段の業務の効率化につながります。
本書には、関数以外にもExcelを活用するための様々な機能やビジネスに必須の基礎知識がたくさん詰まっています。ぜひお手元に置いて、何度でも開いてみてください。
本書での学習を終了された方には、「よくわかる」シリーズの次の書籍をおすすめします。
「よくわかる Excel マクロ／VBA Office 2021／2019／2016／Microsoft 365対応」
では頻繁に行う操作をすばやく処理できる！など、マクロやVBAを便利に使う方法を学習できます。本書で学習した関数とあわせて、さらにExcelを活用いただけるようになると思います。
Let's Challenge!!

FOM出版

FOM出版テキスト
最新情報
のご案内

▶

FOM出版では、お客様の利用シーンに合わせて、最適なテキストをご提供するために、様々なシリーズをご用意しています。

| FOM出版 | 🔍 検索 |

https://www.fom.fujitsu.com/goods/

FAQのご案内

[テキストに関する
よくあるご質問]

▶

FOM出版テキストのお客様Q&A窓口に皆様から多く寄せられたご質問に回答を付けて掲載しています。

| FOM出版　FAQ | 🔍 検索 |

https://www.fom.fujitsu.com/goods/faq/

よくわかる
Microsoft® Excel® 関数テクニック
Office 2021／Microsoft 365 対応
（FPT2224）

2023年 4 月 6 日　初版発行
2024年12月16日　初版第 3 刷発行

著作／制作：株式会社富士通ラーニングメディア

発行者：佐竹　秀彦

発行所：FOM出版 (株式会社富士通ラーニングメディア)
　　　　エフオーエム
　　　　〒212-0014 神奈川県川崎市幸区大宮町 1 番地 5　JR川崎タワー
　　　　https://www.fom.fujitsu.com/goods/

印刷／製本：アベイズム株式会社

● 本書は、構成・文章・プログラム・画像・データなどのすべてにおいて、著作権法上の保護を受けています。
　本書の一部あるいは全部について、いかなる方法においても複写・複製など、著作権法上で規定された権利を侵害する行為を行うことは禁じられています。
● 本書に関するご質問は、ホームページまたはメールにてお寄せください。
　＜ホームページ＞
　上記ホームページ内の「FOM出版」から「QAサポート」にアクセスし、「QAフォームのご案内」からQAフォームを選択して、必要事項をご記入の上、送信してください。
　＜メール＞
　FOM-shuppan-QA@cs.jp.fujitsu.com
　なお、次の点に関しては、あらかじめご了承ください。
　・ご質問の内容によっては、回答に日数を要する場合があります。
　・本書の範囲を超えるご質問にはお答えできません。　・電話やFAXによるご質問には一切応じておりません。
● 本製品に起因してご使用者に直接または間接的損害が生じても、株式会社富士通ラーニングメディアはいかなる責任も負わないものとし、一切の賠償などは行わないものとします。
● 本書に記載された内容などは、予告なく変更される場合があります。
● 落丁・乱丁はお取り替えいたします。